忙要忙在点子上

黎名◎编著

中国纺织出版社有限公司

内 容 提 要

　　二十几岁的生命，活力四射，生机勃勃；二十几岁的人生，充满机遇，富有挑战；二十几岁的人，面临着人生诸多角色的变化，面临着许多选择，二十几岁无疑会影响人的一生。本书旨在指导二十几岁的年轻人活出自己，处理好人生应该重点面对的问题。让你在品味生活的艰辛、困苦、压力的同时，拥有良好的处世心态，使你的人生在追求完整和完美的过程中熠熠发光。

图书在版编目（CIP）数据

　　忙要忙在点子上／黎名编著.—北京：中国纺织
出版社有限公司，2021.3
　　ISBN 978-7-5180-7689-5

　　Ⅰ.①忙… Ⅱ.①黎… Ⅲ.①成功心理—青年读物
Ⅳ.①B848.4-49

　　中国版本图书馆CIP数据核字（2020）第133149号

策划编辑：张 羽　　责任校对：高 涵　　责任印制：储志伟

中国纺织出版社有限公司出版发行
地址：北京朝阳区百子湾东里A407号楼　邮政编码：100124
销售电话：010—67004422　传真：010—87155801
http://www.c-textilep.com
中国纺织出版社天猫旗舰店
官方微博http://www.weibo.com/2119887771
三河市延风印装有限公司印刷　各地新华书店经销
2021年3月第1版第1次印刷
开本：880×1230 1/32 印张：7
字数：156千字　定价：39.80元

凡购本书，如有缺页、倒页、脱页，由本社图书营销中心调换

前　言

在少年时，我们还可以"为赋新词强说愁"。但当我们活到二十多岁时，已经逐步完成由青涩少年到成熟人士的过渡，把握梦想，主宰自己的前程，是目前"活着"最重要的事。

年轻人成长，要坚韧、勤奋、自信……这些都是一个人成功的必备素质，其间没有捷径可走，唯有耕耘才有收获，这是亘古不变的真理。但值得注意的是，有些年轻人往往会迷失在"奋斗"的海洋里，形成一种必须经历忧患才能成功，必须经历漫长的艰苦奋斗才能成才的错觉。

事实上，这种观念与成功的现实意义并不合拍。

其一，一个社会尚且以文明、富裕为发展方向，对个人来说，追求更高的社会地位、更好的物质享受同样无可厚非。而且这种欲望，在适宜的条件下就可以转化为奋斗的动力，激发我们的信心和创造力。

其二，成功就是对自己目标的达成，它不再承载过多人为的附加意义。经历了艰辛苦难后采摘的果子固然甘甜，但在顺境中的所得也具备同等的味道，这并没有让你投机取巧的意思。美国著名牧师内德·兰赛姆，在94岁临终时留下这样一句遗言："假如时光可以倒流，世上将有一半的人成为伟人。"一个人的命运，取决于他的思想认识和人生态度，如果可以重新活一次，他以成熟的、经历了社会检验的阅历重新选择人生，必然会少走弯路。同样，年轻人在二十几岁时，如果能早一些认清现实，消解身上的生涩、偏执和意气，成功就会来得更顺畅一些。

其中最为关键的一点，就在于对世俗的认识与理解。很多人在二十几岁时涉世，受了许多挫折，吞咽了许多苦果之后，才逐步看清了现实的真实面目，明白了自己的得失与方向。但是在这几年或十几年的历练中，他们已经消磨了最初的激情与锐气，失去了无数不可复得的大好机会。

对于二十几岁的年轻人来说，对压力、选择、金钱、人际关系等现实问题认识得越早、越明确，就越能稳妥地把握自己的人生历程。林肯曾经说过："智慧可以帮助我们，让我们不必用烫伤自己的方法去体验火的炙热；也可以让我们在陷阱面前适时止步，做出明智的选择。"所以，我们在本书中所讲述的观念，不仅仅是对能力与信念的激励，对年轻人也是一种睿智的提携。

一个人在二十几岁时的行止见识，将决定他一生的高度。

编著者

2020年3月

/目 录/

第1章

时间都去哪儿了，别让自己再迷糊了

　　有许多二十几岁视而不见的东西，往往在三十几岁时才能够发现它的价值。这些二十几岁不以为然的东西，能够在现实的矛盾面前，选择让自己不后悔的一条路，这便是世俗的智慧。让自己变得世俗，才能够做出既符合现实又明确的选择。

认清现实，重视生存的能力

20岁以后，年轻人常把理想放在第一位。目标可以使我们在行进之中不至于茫然失措、三心二意，理想的意义是无限的，但人不能光靠理想过日子，对于二十几岁的年轻人，目前最切实的问题是生存能力的训练。

荒废时光，憧憬理想，无疑只是纸上谈兵。一个人在少年不识愁的岁月里吹着口哨穿梭街头，或许还可以给人青春、阳光的印象，但接近而立之年时，依然在向父母伸手要钱，即使别人不嫌寒酸，自己也觉得苦涩。

纳尔逊中学是美国最古老的一所中学，它是由第一批登上美洲大陆的73名教徒集资创办的。在这所中学的大门口，有两尊用苏格兰黑色大理石雕成的雕像，左边是一只苍鹰，右边是一匹奔马。300多年来，这两尊雕塑已经成了纳尔逊中学的标志。它们或被刻在校徽上，或被印在明信片上，或被缩成微雕摆放在礼品盒中。许多人以为鹰代表着鹏程万里，马代表着马到成功。可是事实并非如此。那只鹰代表的不是鹏程万里，而是一只被饿死的鹰。这只鹰为了实现飞遍世界的远大理想，苦练各种飞行本领，结果忘了学习觅食的技巧，在踏上征途的第四天就被饿死了。那匹马代表的也不是马到成功，而是一匹被剥了皮的马。开始的时候马嫌它的第一位主人——一位磨坊主给的活多，乞求上帝把它换到一位农夫家。上帝满足了它的愿望，可是后来它又嫌农夫给它的饲料少。最后它到了一位皮匠手里，在那里不用干活，饲料也多，可是没几天，它的皮就被剥了下来。

人生对每个人都是一场综合的考验，不会对谁网开一面。书本上的理论掌握的多寡，并不能代表实际能力的强弱。真正能把人从饥饿、贫困和痛苦中拯救出来的，是劳动和生存的技能。那73名教徒把这两尊雕塑耸立在学校的大门口，就是为了时刻警醒学生们。在现实生活中，想得远不是错误，前提是你必须做得踏实。年轻人的浮躁是普遍存在的，具体表现在事情刚做到一半，就觉得要大功告成，开始飘飘然起来。急功近利，只讲速度，不讲质量，看不起眼前的小事，认为如此做不出成绩，没有意义。他们的兴趣没有被提升起来，挑战自己和别人的欲望也被压抑着。

作为走向社会不久的年轻人，让自己沉下心来进入角色是非常重要的，越早进入就意味着越早步入事业的轨道。每天都让自己成熟一些，浮躁之气自然会减少。

约瑟夫大学毕业时，他决定在纽约扎根并做出一番事业来。他所学的专业是建筑设计，本来毕业时和一家著名的建筑设计院签了工作意向，但由于那家设计院在外地，约瑟夫未经考虑就决定不去。如果去了，他会受到系统的专业训练和锻炼，并将一直沿着建筑设计的道路走下去。可是一想到几十年在一个不变的环境里工作，或许永远没有出头之日，约瑟夫就彻底断了去那里工作的念头。

约瑟夫在纽约找了几家建筑公司，大公司不要刚出校门的没有经验的学生，小公司约瑟夫又看不上，无奈只好转行，到一家贸易公司做市场销售工作。一段时间后，由于业绩得不到提高，身心疲惫的约瑟夫对工作产生了厌倦情绪。但心高气傲的他觉得如果自己单干肯定会更好，于是他联系了几个朋友一起做建材生意。本以为自己是"专业人士"，做建材生意有优势，可是建筑设计不同于建材销售。不到一年，生意亏本了，朋友们也因利益关系闹得不欢而散。

无奈之下的约瑟夫只好再换工作，挣钱还债。由于对工作环境不满意，几年下来，他先后换了几次工作，约瑟夫对前途彻底失去了信心。现在能记得的专业知识已所剩无几，由于没有实践经验，也无法再想做设计了。虽然约瑟夫工作经验丰富，涉足好几个行业，可是没有一段经历能称得上成功……现实的残酷使约瑟夫陷入尴尬的境地，这是他当初无论如何也没想到的。

生活中，输得最惨的往往是聪明人而不是笨人。原因就在于笨人知道自己不够聪明，只能靠苦干、实干才能创造好的生活，最终他们如愿以偿了。而聪明人做事时则不肯下力气，总想着耍小聪明、投机取巧，所以往往输得很惨。因此，智慧和实干相比，实干更加不可或缺。

当一个人陷入"这山望着那山高"的境地时，表示他忘记了理想必须扎根于现实的土壤，结果只能被理想和现实同时抛弃。在人生的路途中会看到许多山峰，但你不可能翻越每一座山峰，得到所有美好的东西。命运对任何人都是公平的，当你为没有得到而苦恼时，还是仔细想一下自己将会失去什么吧！

伟大的哲学家卢梭说过："节制和劳动是人类的两个真正的医生。"即使每个年轻人都是块好铁，总得经过锻炼才能成钢，就在你为生存而付出的劳动里，锻炼了一切与理想相关的东西，比如自信、尊严、才识和能力。同时沉重亦是生活的一部分，我们享受生活的欢乐，也要接纳生活的沉重，因为生命中有一些责任是你必须要承担的，负重前行，脚步才不会太飘忽。

不因年轻而高傲，现实要求你脚踏实地

人有抱负是好事，只想一鸣惊人的想法却不可取。生活中那些自命清高，不屑从底层做起的人，永远都无法完成自己的原始积累。等到他看见比自己起步晚的、比自己天资差的，都已经有了可观的收获时，才惊觉自己在这片园地上还是一无所有。这时他才明白，不是上天没有给他理想或志愿，而是他一

心只等待丰收，却忘了播种。

你刚刚二十出头，还是默默无闻和不被人重视的时候，不妨试着暂时降低自己的物质目标、经济利益或事业野心，脚踏实地，做好一个普通人的普通事，这样你的视野将更广阔，或许会发现许多意想不到的机会。

维斯卡亚公司是20世纪80年代美国最为著名的机械制造公司，许多大学生毕业后到该公司求职均遭拒绝。原来，该公司的高技术人员爆满，不再需要各种高技术人才。但是令人垂涎的待遇和足以使人自豪、炫耀的地位仍然向求职者闪烁着诱人的光环。

史蒂芬是哈佛大学机械制造专业的高才生。和许多人的命运一样，在该公司每年一次的用人测试会上被拒绝申请，但史蒂芬并没有死心，他发誓一定要进入维斯卡亚重型机械制造公司。于是，他采取了一个特殊的策略——假装自己一无所长。

史蒂芬先找到公司人事部，提出愿意为该公司无偿提供劳动力，请求公司分派给他任何工作，他都不计任何报酬来完成。起初公司觉得这简直不可思议，但考虑到不用任何花费，也不用操心，于是便分派他去打扫车间里的废铁屑。

一年里，史蒂芬勤勤恳恳地重复着这种简单但是劳累的工作。为了糊口，下班后他还要去酒吧打工。虽然这样得到了老板和工人们的好感，但是仍然没有一个人要录用他。

20世纪90年代初，公司的许多订单纷纷被退回，理由均是产品质量问题，为此公司将蒙受巨大的损失。公司董事会为了挽救颓势，紧急召开会议商议对策，当会议进行一大半仍未见眉目时，史蒂芬闯入会议室，提出要直接见总经理。

在会议上，史蒂芬对这一问题出现的原因做了令人信服的解释，并且就工程技术上的问题提出了自己的看法，随后拿出了自己对产品的改造设计图。这个设计非常先进，恰到好处地保留了原来机械的优点，同时克服了已出现的弊病。

总经理及董事会的董事见到这个编外清洁工如此精明在行，便询问他的背景以及现状。史蒂芬当即被聘为公司负责生产技术问题的副总经理。

原来，史蒂芬在做清扫工时，利用清扫工到处走动的特点，细心察看了整个公司各部门的生产情况，并一一做了详细记录，发现了所存在的技术性问题并提出了解决的办法。他花了近一年的时间做设计，获得了大量的统计数据，为最后一展才干奠定了基础。

如果我们也有史蒂芬这种放下身份、脚踏实地的实干精神，有在平凡中求伟大的品性，那么离成功也就不远了。要知道，在整个社会中，除了一些特殊的人从事特定工作之外，一般人的工作都是平凡的。虽然是平凡的工作，但只要努力去做，和周围的人配合好，依然可以做出不平凡的成绩。

如果你想在社会上走出一条路，就要放下清高，也就是：放下你的学历、放下你的家庭背景、放下你的身份，让自己回归到"普通人"中，走你认为值得走的路。

人不怕被别人看低，怕的恰恰是人家把你看高了。看低了，你可以寻找机会全面展示自己的才华，让别人一次又一次地对你"刮目相看"；而看高了，你就很难再有周旋的余地，甚至还会让别人一次又一次地对你失望。

空想是没有价值的，世界上绝对没有不劳而获的事情，成功的人无一不是按部就班、脚踏实地努力的结果。

1947年出生于广东惠州的杨钊，家里有10个兄弟姐妹，在这样的环境下他生活极为艰难。但一种求生和奋发向上的本能驱使他离开了家乡，孤身到香港寻找发展的机会。

杨钊到香港一个多月，四处寻觅工作的机会，后来终于在一位老乡的介绍下，找到了一份制衣厂杂工的工作。

杨钊把自己的打工生涯视作奠定创业的根基，为此他既努力工作，又时刻注重学习，从中不断提高自己的技术本领。

经过近5年的制衣厂打工生涯，杨钊不仅掌握了制衣的技术，懂得了工厂的管理之道，并摸清了服装的销售渠道。1971年，他开始自己创业，挂起"旭日制衣厂"的牌子，由小本买卖入手，逐步把生意做大。

经过20年的勤奋拼搏，杨钊的"旭日制衣厂"已变为"旭日集团"，现在正如日中天，其业务包括制衣、销售贸易、地产投资及物业管理等。目前，他的集团拥有年产2000万条裤子的生产线，有16000名雇员，赢得了"裤王"的称誉。

如果你想成就一番伟业，在你确立远大的目标之后，静下心来，认认真真、脚踏实地地开始你的行程吧！在通往成功的路上，不要梦想一步登天，如果基地不扎实，你的成功就恰如"空中楼阁"摇摇欲坠。所以，真正聪明者，请一步一个脚印地走好！

有些二十几岁的年轻人，自认为才高八斗、学富五车，是从一流学府走出来的天之骄子，无论是找工作还是做其他事，总放不下清高的架子。他们完全没有意识到，现实需要脚踏实地，来不得半点投机取巧。在激烈的竞争面前，他们才会尝到自酿的苦酒。

任何好高骛远的人，不肯脚踏实地从小事做起，结果只能是离目标越来越远。

上帝对任何人都是公平的，当你感慨人生之路坎坷难行时，还是仔细想一下自己的过失吧。

九层之台，起于垒土。不积小流，无以成江河。我们无论做什么事情，都是由点点滴滴的经验、点点滴滴的努力汇集而成的。所以真正懂得成功内涵的人，都是脚踏实地的人，都不会放弃这种积累的过程。

准确定位，用自己的特长求发展

一个人能否成功，在某种程度上取决于自己对自己的评价，这种评价有一个通俗的名词——定位。你给自己的定位是什么，你就是什么，因为定位能决定人生，定位能改变一个人的命运。

为了使自己充分发展，进行全面准确的定位是至关重要的，记住：在很大程度上，你可以掌握自己的命运，决定自己的价值！

在给自己定位时，有一条原则不能变，即无论你做什么，都要选择你最擅长的。只有找准自己最擅长的，才能最大限度地发挥自己的潜能，调动自己身上一切可以调动的因素，并把自己的优势发挥得淋漓尽致，从而获得成功。

许多成就卓著的人士，他们的成功首先得益于他们充分了解自己的长处，根据自己的特长来进行定位或者重新定位，最终找准了真正属于自己的行业。

生活中，很多二十几岁的年轻人对自己的长处认识得还不够充分。例如，善于接人待物的人并不认为他们的特长与他人有什么区别；口才出众的人也不一定会想到这是自己的长处，有时，正是因为我们在生活中会不假思考地运用自己的特长，反而更容易忽视它们，不知道它们对自己有多么重要。这种人的失败，在于没有找准自己的位置，丢了自己的长处，而用了自己的短处。

自己的长处是帮助自己实现成功的最好工具。如果一个人对自己的长处不够了解，所处位置不当，就不能有所建树。反之，如果找到自己的长处，就会挖掘出自己无限的潜能，便更容易取得成功。

一个人竭尽全力去做一件事而没有成功，并不意味着他做任何事情都无法成功。如果他选择了不适合自己性格的职业，这就注定难以成功。莫里哀和伏尔泰都是失败的律师，但前者成了杰出的文学家，而后者成了伟大的启蒙思想家。

世界上有半数的人从事着与自己的天性格格不入的职业，因此失败的例子数不胜数。在职业生涯的选择方面，要扬长避短。西德尼·史密斯说："不管你擅长什么，都要顺其自然；永远不要丢开自己天赋的优势和才能。"

一个人只有选择了适合他的工作，找到了适合他的位置时，他才有可能获得成功。就像一个火车头，它只有在铁轨上才是强大的，一旦脱离轨道，它就寸步难行。

马克·吐温作为职业作家和演说家，取得了极大的成功，可谓名扬四海。但你也许不知道，马克·吐温在试图成为一名商人时却栽了跟头，吃尽苦头。马克·吐温投资开发打字机，最后赔掉5万美元，一无所获。马克·吐温看见出版商因为发行他的作品赚了大钱，心里很不服气，也想发这笔财，于是他开办了一家出版公司。然而，经商与写作毕竟风马牛不相及，马克·吐温很快陷入了困境，这次短暂的商业经历以出版公司破产倒闭而告终，作家本人也陷入了债务危机。

经过两次打击，马克·吐温终于认识到自己毫无商业才能，于是断了经商的念头，开始在全国巡回演说。这次，风趣幽默、才思敏捷的马克·吐温完全没有了商场中的狼狈，重新找回了感觉。最终，马克·吐温靠工作与演讲还清了所有债务。

马克·吐温取得了成功，因为他终于明确了自己的社会角色，及时调整了自己的方向，从适合他自己的角度来从事社会活动。

尺有所短，寸有所长。你也许兴趣广泛，掌握多种技能，但所有技能中，总有你的长项。因为唯有利用自己的长处，才能给自己的人生增值；相反，利用自己的短处会使自己的人生贬值。

二十几岁的年轻人涉世不深，只会羡慕别人，或者模仿别人做事，很少有人能认清自己的专长，了解自己的能力，然后发挥专长，所以不能成就大事。

据调查，有28%的人正是因为做了自己最擅长的事，才彻底掌握了自己的命运，并把自己的优势发挥得淋漓尽致，这些人自然都跨越了弱者的门槛，迈进了成功者之列；相反，有72%的人正是因为总是做着最不擅长的事，所以不能脱颖而出，更谈不上成大事了。

如果你用心去观察那些卓越的人士，就会发现，他们几乎都有一个共同的特征：不论聪明才智高低与否，也不论他们从事哪一种行业、担任何种职务，他们都在做自己最擅长的事。

　　很多人往往一时很难弄清楚自己的优势所在，这就需要你在实践中善于发现自己、认识自己，不断地了解自己能干什么，不能干什么。如此才能取己所长、避己所短，进而取得成功。

　　富兰克林说，有事可做的人就有了自己的产业，而只有从事天性擅长的职业，才会给他带来利益和荣誉。

　　一个人做自己最擅长的事，是获取成功的一大法则。只有做自己最擅长的事，才能在芸芸众生中脱颖而出。

安于现状的生活只会是一潭死水

　　平凡的人之所以没有大的成就，就是因为他太容易满足而不求进取。他一生只会盲目地工作，挣取足够温饱的薪金。

　　但是追求成功的人绝不是这样，他会尽力寻求对自己现状不满足的地方，以发现自己的缺点，并加以改进。不满足是进步的先决条件，不满足才能锐意进取，才能在人生中找到成功的路。

　　有些人常常这样想："我现在的生活充满喜悦和满足，以后要怎么做才能维持目前的这种状态呢？"这种自守的心态终究会使人永远停滞不前。

　　谭盾是一个喜欢拉琴的年轻人，可是他刚到美国时，却必须到街头拉小提琴卖艺来赚钱。

非常幸运，谭盾和一位认识的黑人琴手一起，抢到了一个最能赚钱的好地盘，即一家商业银行的门口。

过了一段时间，谭盾卖艺赚到不少钱后，就和那位黑人琴手道别了，因为他想进入大学进修，也想和琴艺高超的同学相互切磋。于是，谭盾将全部的时间和精力投入到了提高音乐素养和琴艺中……

10年后的一天，谭盾路过那家商业银行，发现昔日的老友——那位黑人琴手，仍在那"最赚钱的地盘"拉琴。

当那个黑人琴手看见谭盾出现时，很高兴地说道："兄弟啊，你现在在哪里拉琴啊？"

谭盾回答了一个很有名的音乐厅的名字，但那个黑人琴手反问道："那家音乐厅的门前也是个好地盘，也很赚钱吗？"他哪里知道，10年后的谭盾，已经是一位国际知名的音乐家，他经常应邀在著名的音乐厅中登台献艺，而不是在门口拉琴卖艺。

我们会不会像那位黑人歌手一样，死守着"最赚钱的地盘"不放，甚至沾沾自喜，洋洋得意呢？你的才华、潜力、前程，会因死守着"最赚钱的地盘"而白白断送。在激流湍急的生活中，一定要记住：停滞就是失败。

有些人对现状心满意足，一心一意想要维持下去。然而，"要维持现状"这种观念采取的是"守"的态度，终究只是一种消极的态度，没有积极向前的动力，成长便会停顿。不要满足于现在的自己，要求更好，时时努力超越自己，才能创造一个更美好的人生。

失败的人有失败的心态，成功的人有成功的心态，心态影响思想，思想影响行为，这是一连串的因果效应。求发达，自然也要有强烈的发达心态，要发达就要想发达，如果没有想发达的心态，是不可能成功的。

"只要能安稳地过一辈子就行了。""只要生活过得去就好，不必过于苛求。"如果你有了这种念头，就只能过一种安稳单调的生活。

英国新闻界的风云人物，伦敦《泰晤士报》的老板来斯乐辅爵士，在刚进入该报社时，就不满足于90英镑周薪的待遇。经过不懈的努力，当《每日邮报》已为他所拥有的时候，他又把取得《泰晤士报》作为自己的努力方向，最后他终于实现了他的目标。

他一直看不起生平无大志的人，曾对一个服务刚满3个月的助理编辑说："你满意你现在的职位吗？你满足你现在每周50镑的薪金吗？"当那位职员答复已觉得满意的时候，他马上把他开除，并很失望地说："你应了解，我不希望我的手下对每周50镑的薪金就感到满足，并为此放弃自己的追求。"

凡有过成功体验的人都知道，一切都会过时，创新才是出路。美国石油大王保罗·盖蒂说："真正成功的人，本质上是一个持异议的叛徒，也极少满足于维持现状。"

如果你满足于住茅草屋，一辈子也不会拥有花园洋房；如果你满足于当小职员，永远也不会升到独当一面的位置。如果条件允许，请体验一下"成功人士"的生活，树立起奋发向上的心态。

我的一个大学同学，毕业后去了上海，有一份好工作，生活得很好。有一次我到上海出差顺便去看他，他带我到锦江饭店去用餐。他虽不缺钱，但也不足以随便去锦江饭店。所以，我对他说："都是老同学了，随便找个地方就行了。"他看出了我的意思，便说道："我不是打肿脸充胖子，到这地方来对你对我都有好处。"我不解地问："为什么？"他说："只有到这里，你才知道自己包里的钱少，你才知道什么是有钱人来的地方，才会刺激自己努力改变现状。总去小吃店，你就永远也不会有这种想法，我相信只要努力，总有一天我会成为这里的常客。"听了他的话我深有感触，他的话不一定对，但他那种一定要发达的生活态度是值得学习的。

一些人之所以一辈子碌碌无为，直到走到人生的尽头也没有享受到真正成功的快乐和幸福的滋味，就是因为他们安于现状，不敢冒险，从来没有更上一层楼的信心。

茫茫世界风云变幻，漠漠人生沉浮不定，未来的风景却隐在迷雾中，向那里进发，有坎坷的山路，也有阴晦的沼泽，虽然有危险，但这是在有限的人生道路上通往成功与幸福的捷径。

二十几岁的年轻人，刚走上社会，一方面要通过学习和实践不断增长智慧，另一方面还要继续保持身上的"不安分因子"。谨慎小心虽是一种优秀的品质，但裹足不前，安于现状，只能让你在当今瞬息万变的社会中被淘汰出局。

走过的是路，没走过的是人生

所谓"条条大道通罗马"，人生的道路原本有很多条，但并不是任何一条路都是最适合自己的。通常，一次选择就能获得成功的人是很幸运的，这源于个人的兴趣、爱好和毅力，并且较好地把握了"自知之明"。

但是，对于更多的人来说，并不是一下子就能认清自己的本质，选准努力的方向。而是经过社会实践的磨练之后，审慎地做出判断，逐渐找到适合自己的行业。人生忌恋战，有些事，大局既已无望，宜迅速放弃，另谋出路，不可空耗自己一生。

秦朝的李斯，曾经只是一个管粮仓的小官。有一天，他到粮仓外的一个厕所解手，看见一群老鼠尖叫着四处逃散。这群在厕所内安身的老鼠，个个瘦小干枯，探头缩爪，且毛色灰暗，身上又脏又臭。

　　李斯看见这些老鼠，忽然想起了自己管理的粮仓中的老鼠。粮仓里的老鼠和厕所里的老鼠的生活境遇差别很大，那里的老鼠一个个吃得脑满肠肥，皮毛油亮，整日逍遥自在。

　　看到这些，李斯陷入沉思：人生如鼠，不在仓就在厕，位置不同，命运也就不同。自己在这个小小的仓库中做了多年的小文书，从未出去看过外面的世界，不就如同这些厕所中的小老鼠吗？整日在那里挣扎，却全然不知外面有粮仓这样的天堂。于是，李斯下定决心，决定换一种活法，为自己开创一个新的天地，使自己由穷官吏发展为达官贵人。第二天，他就离开了这个小城，去投奔一代儒学大师荀况，开始了寻找"粮仓"之路。

　　20年后，李斯成为秦朝的丞相。

　　机遇对我们每个人都是公平的，但机遇又对能及时把握机遇的人情有独钟。如果你不能做出明智的判断，当机遇出现时，只能与之擦肩而过，失之交臂。我们一旦踏上某条道路，通常很难再重新选择，因为重新选择的成本太高。但当你真的发现不再适合自己的工作、不再适合自己的事业时，最好勇敢地走出来。美国著名牧师内德·兰赛姆，在94岁临终时留下这样一句遗言："假如时光可以倒流，世上将有一半的人成为伟人。"也许就因为一念之差，才使世界上有了富翁与乞丐。也就是说，在人生的道路上，有什么样的抉择，就有什么样的人生。

　　虽然说生活中处处是机会，但是，对人生具有重大影响的选择机会并不多。因此，在关键的时候，一定要做出明智的选择，以免造成终身的遗憾。

　　在瞬息万变、危机与诱惑并存的现实社会，更需要我们保持一种平稳的心态，远离浮躁，从容选择。面对人生的选择，最重要的是要关注今天。我们的要务不是望着远方模糊的事物，而是做手里清楚的事情。一步一个脚印，踏踏实实地向未来迈进。

　　我们需要理想，但我们不能沉浸于理想。一个人想干什么和能干什么是两码事，必须在能干的范围内选择想干的事。若在某个圈子长期做不出成绩，不如改行做更适合自己的事业。抛弃虚荣心，哪怕降低一个档次，只要能发挥自己的特长，就能做出更大的成就，找到自己的人生价值。

　　一个人在二十几岁时，正面临着命运的岔口，在现实面前，逐步走向成熟。在人生方向的选择上，首先要有大环境里才有大机遇的观念，尽可能地让自己"运动"起来，只要上升空间够大，起点低也不要退缩。"人往高处走"不是舒服的走法，但就是在这种适应过程中，你提高了层次，激发了潜能。同时应该知道，这种选择也不是无限次的，衡量自己的志趣、特长、教育水平和学习能力之后，你应当可以做出最恰当的判断。尽可能地寻找最大的林子，再细心挑选一个适合自己胃口的果子，你的成功就会拥有可靠的基础。

无悔青春，勇于尝试新的体验

许多二十几岁的年轻人，时常把"自我突破"4个字挂在心上，但又往往不知道应该从哪里下手。那么，请你先来回答一个问题：你觉得自己是个老实人吗？

"老实人"在现代社会不一定是个褒义词，它暗示着某个人缺乏探索的勇气。勇气是一种精神，只有具有健康心态的人才有勇气。老实人总是瞻前顾后地害怕跌倒，因此永远跑不快。二十几岁的年轻人，首先要突破的就是老实人的裹足不前。

许多能做大事的人，在他们心目中也并没有许多明确的目标，相反却是变动得非常快，有时甚至连目标是什么都不知道。他们只是不断地去尝试新的事物，大胆接受新的信息，直到对自己所做的选择有所把握为止。

有成功潜质的人，永远在不断地改善自己的行为、态度和自己的人格，他们总是希望更有活力，总是希望产生更大的行动力。相比之下，很多人饱食终日，无所用心，不做运动，不学习，不成长，每天都在抱怨一些负面的事情，虚度时日。

21世纪是一个"快鱼吃慢鱼"的信息时代，不前进，就意味着后退，只有积极行动，才能使我们在激烈的竞争中获得一个更为有利的位置。网易总裁丁磊说："人生是个积累的过程，你总会摔倒，但即使跌倒了，你也要懂得抓一把沙子在手里。"

　　衡量一个人成功与否，与金钱无关，与年龄无关，关键在于他是否抱有理想，是否勇于进取。

　　大学毕业后，丁磊回到家乡，在宁波市电信局工作。电信局旱涝保收，待遇不错，但丁磊觉得那两年工作非常辛苦，同时也感到一种难尽其才的苦恼。

　　1995 年 3 月，他准备从电信局辞职，遭到家人的强烈反对，但他去意已定，一心想出去闯一闯。

　　他这样描述自己的行为："这是我第一次开除自己。人的一生总会面临很多机遇，但机遇是有代价的。有没有勇气迈出第一步，往往是人生的分水岭。"

　　他选择了广州。初到广州，走在陌生的城市里，面对如织的行人和车流，丁磊越发感到财富的重要性。最现实的是一日三餐要花钱，也不可能睡在大街上成为乞丐。

　　不知去过多少公司面试，也不知费过多少口舌，凭着自己的耐心和实力，丁磊终于在广州安定下来。1995 年 5 月，他进入外企工作。

　　1997 年 5 月，丁磊决定创办网易公司。此后，在中国 IT 业，丁磊成了举足轻重的人物。自从 2001 年年底推出《大话西游》以来，网易已经从网络游戏领域的"小人物"变成该领域的巨头之一。

　　事实证明，尽管网络游戏市场竞争激烈，网易的投入还是获得了很好的回报。

一个人想要实现自己的目标，除了勤奋之外，还要积极进取和敢于创新。丁磊能在信息产业中站稳脚跟不是偶然的，从创业到现在，他每天都在关心新的技术，密切跟踪互联网的新发展，每天工作16个小时以上，其中有10个小时是在网上。他的邮箱有数十个，每天都要收到上百封电子邮件。

丁磊认为，虽然每个人的天赋有差别，但作为一个年轻人，首先要有理想和目标。丁磊就在技术方面爱动脑筋，有聪明之处，但如果没有积极进取的态度，没有在技术方面不停地摸索，也不会有熟能生巧的本领和创新。

年轻的朋友也许会以为，创造价值神话的时代已经过去，先行者已经占据了有利的地形，留给无名小辈的机会越来越少。其实能否自我突破，更注重的是一种心理体验，在日常工作生活中，随时都会有新的障碍考验你的冲劲儿。

怕了一辈子鬼的人，一辈子也没见过鬼，恐惧的原因是自己吓唬自己。世上没有什么事能真正让人恐惧，恐惧只不过是人心中的一种无形障碍。不少人碰到棘手的问题时，习惯设想出许多莫须有的困难，这自然就产生了恐惧感，遇事你只要大着胆子去做，就会发现事情并没有自己想象的那么可怕。

有时候，我们不敢学外语，不敢学小提琴，不敢下水学游泳，不敢在课堂上提问，不敢上台讲演，明知这件事不对也不敢说个"不"字……这种种不敢，其实都是我们自己给自己设下的无形的障碍！也正是这种无中生有的无形障碍，使我们裹足不前，错过了许多我们本来应该去做，而且能够做好的事。要记住，在尝试新事物的过程中肯定有输有赢，但如果什么都不敢去做，那就是自动投降，就会一输到底。

别让将来的你看不起现在的自己

　　世界上没有任何一件事是完全可以确定或保证的，但人们正是在危机中学会了快跑，在惊险中学会了自救。二十几岁时，你可以没有足够的金钱，可以没有功成名就的事业，但你不能没有激情。年轻的锐气是有时限的，如果不好好利用，它就会在生活的重压里消磨殆尽。

　　你看过船夫拉纤的情景吗？那真是生活中最惊心动魄的一幕！波涛滚滚而下，木船逆流而上，纤夫紧紧地拽着纤绳，喊着号子，踏着砂石，拼力向前迈进。没有彷徨，没有懈怠，更没有停留和后退。因为，只要稍微放松手中的纤绳，船就要顺流而下，后果不堪设想。

　　我们都知道在前进中会有许多未知的危险，却不知停滞不前的危险更大，若不想被生活的潮流吞没，向前走才是安全的。强者的本色，应该是在进攻中站稳脚跟。

　　拼搏者，勇往直前也。人生犹如战场，唯有拼搏才会胜利。喜欢拼搏的人，总是积极向上；害怕奋斗的人，在气势上已先输了一筹。生活中，有许多年轻人之所以懒洋洋地提不起精神，不是因为缺乏向上的实力，而是因为主观认识不足。

青春意味着时间的富翁，健壮的体魄，敏捷的思维，无忧的心绪。最富有的东西，是最容易被轻视、糟蹋的东西；最缺少的东西，也是人们最渴望得到、最珍惜的东西。长处往往导致弱点：富有时间——来日方长，不珍惜当下；思维敏捷——一学就会，不求甚解；体魄健壮——啥都能干，何须忙于去做；心绪无忧——把生活视为一桶香甜的蜜，不曾想过生活中的艰难。千万不能仅仅这样来理解青春，更不能进行这样的生活推理！

随波逐流固然轻松愉快，但长此以往就要被生活的波涛吞没。有的朋友也知道不应该放纵自己，但他想："先放纵自由一段时间，待以后再抓紧也不迟。"然而，要回过头来再抓紧自己是很难的，需要付出十倍、百倍的代价，因为你已经习惯了顺流而下。而那些义无反顾地投入到生活中去的人，即使暂时还没有品尝到成功的果实，也已经磨砺了自己的精神体魄，增强了与命运对抗的能力。

人的潜能就像一种强大的动力，有时候它爆发出来的能量，会让所有人大吃一惊。

台湾十大杰出青年企业家赖东进成名前曾经是一个乞丐，从小到处流浪要饭。在奔波行乞的日子里，他经常抱着弟妹长途行走，动辄就是几十公里；每天用破水桶到水沟往栖身处提水，一折腾就是数十个来回；在夜市或车站为了躲避抓捕，见到警察就拼命地奔逃；在野地或大宅门前，不时遭遇恶狗疯狂追逐。长期如此的磨难练就了他出奇的爆发力。

一次学校举办运动会，他报了短跑项目。发令枪一响，他奋力往前冲，只顾专心奔跑，并没有感受到场外的异常。快到终点时，他才突然发现全场一片寂静，还来不及琢磨发生了什么事，人已冲到了终点。看台上的师生全都站立起来，响起了暴风雨般的掌声和口哨声。赖东进回头一看才弄明白，原来同组竞赛的同学才跑到一半。他那惊人的速度，让大家看傻了眼。

人的力量都是拼出来的，灾难就是最好的教练。赖东进早年在底层所遭受的所有艰难困苦，都成了他宝贵的财富，这种无论在什么条件下都要拼命向前的精神，足以使他后来在商界与政界笑傲人生。一个强有力的人，正是一个能战胜自己的人。要纠正偏见，改变习惯，克服弱点，主宰感情，驾驭性格……总之，就是不要被生活牵着鼻子走，而是做自己命运的主宰。

成功是个人的选择，只有选择成功的人，才能成功。如果我们能在最恶劣、最不利的情况下取胜，就能激励自己必胜的信心，用强烈的刺激唤起那敢于超越一切的潜能。当我们不必遭受赖东进那样的艰苦境遇时，更应该时刻提醒自己超越生活中的平庸。

一个人在二十几岁时的选择，对自己一生的成就至关重要，给自己选了逆流险滩的年轻人，中年后才有享受人生的资格。你要时刻提醒自己，不管别人如何平庸，自己都不要随波逐流。看那随波而流的树叶，它们默默无闻地来，又默默无闻地去，最后消失在茫茫大海里。平庸者就如这树叶，与世无争，不愿付出什么，悄然出生，默默地成长，娶妻生子，生老病死。他们安于清贫，甘于寂寞，乐于稳当，他们从不曾知道成功是什么。他们深信树大招风，枪打出头鸟，他们珍惜自己的生命。他们也是缺乏生活激情的人，乐于平淡，安于平淡。大喜大悲他们都不适应，一点风吹草动也会让他们寝食难安。这些人注定要度过黯淡的一生。

然而，生活中也有这样一些人，有强烈的使命感和忧患意识，不甘寂寞，逆水行舟，渴望有所作为。他们关爱社会，希望能为社会尽绵薄之力，他们希望在人生的旅途上留下自己的足迹。他们不愿随波逐流，他们希望出人头地，他们是伟大的成功者。

第2章

谁的青春不迷茫，金子也需把自己磨光

曾几何时，我们被孤独与迷茫侵袭，不被理解、没有机会、对自己的能力感到怀疑、自卑、丧失信心……我们觉得无助彷徨，不知前路在何方。是的，这是每个人都要走过的青春之路，成长之旅没有一路通畅，在风雨的浇灌中才能茁壮起来，才能让自己发光发热，无惧黑暗。所以，用青春好好磨练自己吧。

你或许还不是金子，但要成为发光的种子

不少年轻人总喜欢说："是金子在哪里都会发光。"可是，大家也要承认，大多数的年轻人不认为自己是"金子"。大多数的年轻人并不是生下来就具有某种天赋，但只要通过自己的勤奋，就可以发挥出最大的能量。这就像种子，只要有合适的土壤，它们就能够生根发芽，开花结果。

一个人如果总抱着"是金子在哪里都会发光"的心态，就难免会骄傲自大，不屑于那些平凡的工作，抱怨没有伯乐来赏识自己这匹"千里马"，觉得自己怀才不遇，渐渐地就会变得消沉，这时就算你真的是一块金子，也会蒙尘，从而更加不会被人发现和重视了。现在的一些年轻人往往心高气傲，总有一种优越感，而且越是学历高、学习成绩好的往往越是骄傲。如今，受过高等教育的人越来越多，"海归"也随处可见，因此一个人过去所受过的教育并不能说明他就是"一匹千里马"。

就业就像将一盘原本下到输赢已定的棋局，重新开局。这时，决定胜负的并不是你原来取得的成绩，而是你以后需要做的努力。

你的社会地位和原来的成绩可能在就业之路上起到一定的作用，但它们的作用是有限的，最终只能取决于自己的努力。

把自己当成一块等待发现的金子，等于把自己的命运交到了别人的手里，把自己的前途寄托于一双能够发现你的眼睛，这样的心态怎么会有可靠的前途？

年轻人应该安下心来，把自己当成一粒未发芽的种子，只要有适合自己的土壤就能够长得枝繁叶茂。著名的杂交水稻之父袁隆平有一句名言："人就像一粒种子，健康的种子，身体、精神、情感都要健康。我愿做一粒健康的种子！"金子有再多的光芒，价值终究有限，而健康的种子则代表了无限的可能。这个世界上不可能到处是金子，然而每个人都能通过自身的努力当好一颗能够生根发芽的种子，从而为这个世界增添价值。

金子的高明在于它的价值，种子的高明在于它的潜力。金子之所以有价值，之所以昂贵，完全是由它的自身条件决定的。金子承担的是交换价值的角色，它本身没有任何价值，因为它储量少、体积小、密度高、难分割，才能够担当交换价值这一角色。这就像某些天才，因为天生拥有异于常人的天赋，比如对数字、语言或其他方面有非常高的敏感度。可是，这个世界上天才毕竟是少数，即使是天才也需要勤奋努力，才能取得一定的成就。

微软公司曾有一个非常有名的应聘故事。有一个人学历并不高，心血来潮之下去微软应聘。人事部主任问了他几个有关软件方面的问题，这个应聘者对此一无所知。对此，人事部主任摇了摇头。第二天，他又去应聘，回答了昨天的几个问题，但这次，人事部主任又问了几个更深层次的问题，他又无法回答。不过，第三天，他又来了，回答了这几个问题。如此反复几次，招聘人觉得非常奇怪，问他为什么不现场回答问题呢，他说自己对这些并不熟悉，都是临时学习的。微软公司最后通过会议，决定录取这个应聘者，理由是"IT业是一个变化非常迅速的行业，需要非常强的学习能力。而这个人的学习能力非常强，因此他的潜力是无限的"。

年轻人谁都无法确定自己是一个天才，但只要足够用心，你会发现自己的潜力是无限的。

种子心态比金子更重要。美国通用汽车公司的一位人力资源负责人曾经这样说："我们在分析应征者能不能胜任某项工作时，经常要关注他对目前工作的态度。如果他认为自己的工作很重要，对工作很认真负责，就会给我们留下很深的印象。即使他对目前的工作不满意也没有关系。为什么呢？因为，如果他认为目前的工作很重要，那他对下一份工作也会抱着认真负责的态度。我们发现，一个人的工作态度跟他的工作效率有着很密切的联系。"

如果一个年轻人，对环境和薪金不能使自己满意的工作都十分负责，丝毫不会马虎，那么对于各方面都满意的工作，他就会更加用心。这就是种子心态，"人就像一粒种子，无论环境好不好，土壤是否适宜，他都会发芽，都会更茁壮地成长，这就是种子的价值所在"。如果年轻人都抱着这种态度做事，那么他就能很快被生命中的伯乐发现，从而实现他的价值。

面对浮华的尘世，要有自己的主见

年轻人生活在浮华的尘世之中，难免会被一些尘世中的俗事和杂念影响自己的思想和观念，难免会感到迷茫。目前这个时代，是一个各种价值观念充斥耳边的时代，是一个各种思想并存的时代。面对这一切，我们极容易对自己从小树立起来的价值观产生动摇，也极容易感到茫然无措。这一切并不是年轻惹的祸，也不是年龄可以解决的问题，一个人是否清醒取决于他的信念和意志，取决于他是否有主见。面对浮华的尘世，有自己的主见，不人云亦云，不盲目攀比，才能够更成熟，从而更容易成功。

30岁以前，很多年轻人往往被短期利益蒙蔽了自己的视线，做出一些错误的，对自己人生有害的判断。只有坚定的信念才能让年轻人避免短期利益的诱惑，从而看得更高、更远。在这个世界上，总有这样或那样的诱惑，而又总有各种荒谬的、不堪一击的理由来支撑这样或那样的诱惑，使它外表上变得无懈可击。事实上，难道人们真的不知道它是错误的吗？难道不知道这些会造成严重的后果吗？答案是否定的，但人们总是抱有侥幸心理。例如，贪污受贿，又如前些年甚嚣尘上的一些传销活动。人们一开始可能真受了蒙蔽，那是因为唾手可得的短期利益蒙蔽了他们的眼睛；也可能是那些狂轰滥炸的"金钱至上论""只要你成功了，谁管你的钱是怎么来的"言论等，让人们觉得那可能就是真的，觉得可以侥幸。

面对让人眼花缭乱的各种诱惑，现在的年轻人也有着自己的优势。他们有学问、学历及能力，可以凭着自己的真本事闯出一番事业。但同时，年轻人也有着自己的迷惑，为什么别人年纪轻轻就自己创业，我却要忍受领导的脾气和别人的嘲笑？为什么别人可以拥有那么好的职位，我却只能待在小公司里？为什么别人可以买房、买车，我却必须忍受拮据的生活？为什么别人每天盯盯股市，就可以潇洒度假，我却要拼死拼活地工作？为什么别人凭着与领导的私交就可以升职，我却要忍受窝囊气？

人和人不同，你在羡慕别人的同时，别人也在羡慕你。你只了解自己受的气，只觉得自己委屈，却没尝过别人担惊受怕，或者背后挨骂的滋味。每个人都有两面，有的人表面看起来风光无限，背后却充满着泪水；有的人表面看上去含辛茹苦，他却乐在其中。如果只看到事物的表面，对尘世的浮华表面就羡慕、嫉妒了，那你遭遇痛苦的可能性就会非常大。

　　不要迷失自己，可能你对这个世界有很多不确定，但至少有一件事是可以确定的，即付出多少就会收获多少。只要你做的事是人们所承认的，对于人们有正面的价值，你就会受到人们的尊重；只要你足够努力，最终就能收获成功。不管别人信奉怎样的价值观，不管那些价值观看起来有多诱人，年轻人都应该有自己的思想和主见。

　　两个人凭什么不同？是凭着他们的思想。对于各种事情有自己的主见，有自己的见解，往往会使一个人变得与众不同。不同的观念就是一个人胜出的关键，股市上为什么大多数人在赔钱，只有少数人能够一夜暴富？因为，大多数人都在跟风，都在听所谓专家的话，对于自己选的股票没有自己的见解，而只有少数的人有自己的见解，对于股票的价值有自己的衡量，所以他们自然会"稳赢"。

　　对于任何事，都要有自己的主见。30岁以前，大多数人往往是不成熟的，容易模仿别人，也容易受到周围人的影响，从而变得爱攀比、爱炫耀、爱追逐一些所谓的时尚。现在的年轻人，一般心智不太成熟，因此要根据自己的特质，跟优秀的人在一起，并不断坚定自己的信念，从而避免因为幼稚而犯下荒唐的错误，也可以避免迷失自己。

　　有自己的主见，有自己的追求，不轻易被迷惑，不摇摆不定，并且保持头脑清醒，坚持自己的信念，你才可能更快地走向成熟。

不要怕找不到出路，但要有明确的思路

30岁之前找不到人生的出路，并不是一件可怕的事。人在30岁时就要求拥有辉煌的成就、令人羡慕的地位，是不现实的。

人们都说苦难使人早熟，而现在二三十岁的年轻人都是"80后"，他们中的不少人从小在"蜜罐"里长大。一个总是在幸福呵护中长大的年轻人，迷茫、缺乏方向感、不懂得怎样实现自己的价值是必然的。目前，社会正处在一个转型期，各种价值观念发生着碰撞，四五十岁的人都可能会有迷茫感，更何况是二三十岁的年轻人呢？

迷茫、找不到出路并不可怕，只要你有自己的信念，有明确的思路，总会找到自己人生的出路。可以说，现在的大部分年轻人是比较清醒的，对自己的前途也有着自己的期待和规划，尽管这种规划还处在相当模糊的阶段。想一想以前未受过教育的年轻人，他们二十几岁的时候不过是懵懵懂懂地过日子，谁懂得去规划自己的未来呢？

有人说"80后"是"失梦的一代"，失去梦想，满眼现实。有梦想固然好，但重视现实又有什么不对呢？为自己的将来规划一个可期的、现实的、明确的目标，不是比梦想更重要吗？为自己的将来寻找一条出路，不是每个人必须要有的意识吗？现在开始，年轻人就可以思考自己将怎样成功，因为只有

个人有明确的思路，个人才能成功，集体也才能壮大。

　　30岁之前，你一定要弄清楚自己可以做什么，很多年轻人之所以一事无成，是因为他们有太多的选择，有太多的目标，太贪心，反而一无所成。想做什么是一回事，能做什么是另一回事。一个人能做的事情，能在哪个领域获得成功，其实是非常有限的。你的父母从事什么行业，你受过哪方面的教育，你的兴趣、天赋是什么，这些就是你可能做的事情。

　　比尔·盖茨从小就对计算机软件感兴趣，大学就读于哈佛大学的计算机专业，最终他的出路就在计算机领域；毛泽东的父母都是农民，但他遇到了陈独秀，因此走上了革命的道路；李嘉诚从成年开始就处在受雇和雇用别人的环境中，因此他成为了一个商人；杨振宁的父亲是物理学家，因此他从小耳濡目染，自然选择了物理学领域……

　　你在一个怎样的家庭中成长？你最熟悉哪个领域？你在学校受到了怎样的专业教育？你的天赋在哪里？你工作后遇到了哪些贵人？从这些因素中就能够找到最终的出路，找到最适合的领域。成熟的人懂得用最短的时间弄清楚自己可以做哪些事，最擅长做哪些事，然后从这方面寻找契机，不断努力。

　　找到适合自己的路，就在这条路上走下去。在不同的行业或完全不交叉的职业中转来转去，是对人生最大的浪费。在自己选定的领域中坚持下去，最终就能走到事业的顶点。

　　现在就想一想，你事业的顶点在哪里？你可能达到吗？对于你来说自己的人生顶点在那里，你是否满意？如果答案是否定的，那你必须对自己的职业再考量，或者寻找自己比较熟悉的交叉领域作为人生的顶点。

阿西莫夫是一位科普作家，也是一位自然科学家。他的成功就得益于对自己的再认识，想清楚了自己可能达到的事业顶点。一天上午，当他坐在打字机前打字时，突然意识到："我不能成为第一流的科学家，却能够成为第一流的科普作家。"于是，他把自己的全部精力都放在了科普创作上，终于使自己成为当代世界最著名的科普作家。

海岩曾经是个警察，也是个商人，然而令他达到事业顶点的却是他的文学作品。为自己的职业谋划一个可能的拓展前景，会对你的人生有更大的帮助。

一个人，只有对自己的人生有明确的规划，才有可能成就伟大的事业。那些今天想这样做，明天想那样做的人，他们的思想都是非常幼稚和混乱的。清楚自己可以做什么，清楚自己的人生可以达到的高度，才是一个人成熟的表现。如果鲁迅没有写文章，那么世上就少了一个伟大的作家；如果达尔文没有进入生物界，那么进化论就要晚几十年甚至几百年；如果爱因斯坦致力于做一个小职员，那么物理学就要落后几百年。

清晰的人生思路，比现实的出路更重要。清楚自己能做什么，懂得将要怎样实现自己的人生价值，一个人才能变得成熟。

处在事业的起点，要寻找命运的拐点

30岁以前，年轻人总会有很多改变自己命运的机会。也许是一次不经意的交谈，也许是一次进修，也许是一次研究生考试，也许是自己一个微不足道的想法。总之，一次偶然，也许命运的轨迹就会向着完全不同的方向划去。很多人都把这些叫做命运，其实，除了偶然的因素之外，人根本的命运还在于自己的努力。机遇会在每个人面前出现，然而只有勇气与眼光兼备，才华与能力都积累到一定程度的人，才能够抓住它。

年轻人处在事业的起点，但要积极地寻找人生的拐点。人生就像一座迷宫，只有找到属于自己的那个拐点，才可能走出迷茫，到达生命中的成熟境界。

很多时候，人们总是在众多的拐点处迷失自己，以为前面有一条笔直的大道等着自己。实际上，这条路并没有多长，还是个死胡同。不过，要相信自己以前走过的路并不是冤枉路，如果没有试验过那些路能不能走通，怎么知道哪一条才是属于自己的路呢？人生最可悲的是在重复的道路上绕来绕去，以为自己走过了很长的路，其实不过是在原地绕圈子。

不少人一直都在人生的迷宫中兜兜转转，到生命的终点都没有弄明白自己到底迷失在哪里，自己到底错过了什么。寻找自己人生的拐点，并不是一件简单的事，它需要足够的勇气和经验，需要高明的眼光和果断的判断力，需要果断地拒绝一些不适合自己的诱惑。当人们选择了一些东西时，就拒绝了一些看起来同样美好的东西，也许会因此而惋惜，却不用后悔。

哪些才是适合我们的命运的拐点？机会时时处处都会出现，但显然有一些机会并不属于我们。就像在迷宫里，处处都会出现拐点，可那些并不都是通向出口的。当我们挤破头抢到一个机会时，也许会突然发现，那不是命运的拐点，而是一个陷阱。比如，一个人和3个同龄人一起进入了一个日企，可是注定要淘汰两个竞争对手。于是，平时懒散的他破天荒努力起来，当然，最终他胜出了，可就在同时他陷入了两难境地：一是他的性格与那家企业的文化格格不入，他总是要非常谨慎、高度紧张，才能不犯错误，因此对他而言，几乎每天的工作都变成了一种煎熬；二是那份好不容易争取来的工作，对于他就像一根鸡肋，待遇还可以，但发展前景并不好。

很多时候，年轻人常常因为一时的冲动，或者因为有竞争，才觉得某个位置无限美好。事实上，仔细观察清楚，才能发现它并不是那么诱人。比如，一位老农把喂牛的草料铲到一间小茅屋的屋檐上，看到的人不免感到奇怪，于是就问他："为什么不把草放在地上让牛吃？"老农回答说："这种草草质不好，我要是把草放在地上，牛就会不屑一顾；但是我把草放到让牛勉强能够得着的屋檐上，它就会努力去吃，直到把全部草料都吃光。"不可否认，很多时候，我们就像那些牛，总觉得自己努力争取到的才是最好的。

很多时候，面对外界那么多的诱惑，要学会分辨，哪些才是适合自己的人生机遇，哪些是人为伪装出来的陷阱。要知道，在很多情况下，表面风光无限的东西，都可能是炒作出来的，其原料也许只是一堆垃圾。

年轻人处在事业的起点，连做梦都会想有一个好机遇突然降临在自己身上，但当你突然遇到这样的机会时，希望你能分辨出那是一个肥差，还是一根鸡肋，而不要盲目地去争取。但是，当遇到真正适合自己的人生机遇时，希望你果断地抓住它。抓住机遇其实很简单，当你的努力达到一定程度时，自然就有适合的机会降临在你身上，但是在这之前，你只要具备足够的能力即可。当然，展示自己的能力，让关键人看到你的才华也是积极创造机遇的方式之一，但年轻人千万不要忘记，你最重要的任务，就是做好自己应该做的事。

在现实生活中，很多事例都会告诉人们要抓住机遇，但很多人忘了在抓住机遇的同时，还要躲避诱惑和陷阱。很多年轻人都在东张西望中错过了适合自己的机会，如果一个人整天忙着捕捉机遇，常常会忘了自己的正事。因此，大家在人生的迷宫中，不要逢弯就拐，而要在找到真正属于自己的命运的拐点后，再试图转弯，只有这样才能让自己的命运走上一条上升的道路。

要有职业定位，但别让工作把你定型

年轻时，人们总是希望自己找到一条可以迅速到达理想境界的道路。于是，人们不断地给自己做人生规划、做职业定位。然而，"欲速则不达"，大家常常会发现自己的职业定位往往固定了自己的思想和发展方向，使自己的人生进入僵局。这就像下棋，每个人都有自己的套路，有人喜欢第一步拱卒，有人喜欢先飞象，然而面对不同的对手，如果使用同样的套路，那你只能输棋。

人生就像棋局，形势时时刻刻都在变化，如果不能随时调整自己的前进方向和前进速度，你的人生就有可能出现偏差。年轻人一定要有自己的职业定位，以确保一个正确的前进方向。对于人生来说，最大的悲剧就在于没有方向感，茫然地前进，即使到了自己的生命终点，也不知道自己想达到什么目标。

不管对自己的职业定位是否正确，都应该有一个职业定位。因为，这是你前进的动力，会让你对自己的人生有方向感，能让你感觉自己的人生尽在掌握之中；这决定了你此刻有着清晰的思路，无论对错；这可以帮你养成一个良好的习惯，即先计划再做事，并在实施过程中分阶段地完成任务；同时，这还可以带给你成就感，会使你有成功的愉悦感，促使你不断进步。并且，如果在既定的职业定位中感到吃力，或者发展到了尽头，或者你所从事的职业注定要被历史所淘汰，或者你有一个更好的机遇，那么对自己的人生进行再规划也是必要的。对自己有更清醒的认识，随时调整自己的前进方向，能够帮助你达到更高的人生境界，帮助你看得更广阔，发展得更快。

职业定位不是静态的，而是动态的，如果自己的能力已经发生了重大变化，有了很大的发展和进步，或者工作生活环境发生了重大变化，就需要重新定位自己。时时刻刻审视自己取得了哪些进步，审视自己目前的定位是否已经不再适合自己了，是否需要一个更高远的目标……这些对于我们实现自我价值都是很重要的。

定位并不是确定一个固定的位置，而是确定一个或多个目标。当然，这些目标最好在同一个方向上，然后用最简洁的方式去接近这些目标。职业定位，定位的是接近路线，而不是你的人生。被工作束缚住，被自己的定位束缚住，不能自主，则是定位的最大误区。这就像你要去远方摘一个苹果，结果千里而来发现树上结的是桃子，难道你要空手而返，而不是顺手摘一个桃子吗？

时刻以自我价值的实现去衡量你的职业定位，可以让自己不被职业规划误导，可以让自己把握住更多的机会。

你会有求于人，但命运掌握在自己手里

每个人的命运都掌握在自己手中，只要你有这样的信念，就能够主宰自己的人生。你现在所拥有的一切，你现在进行的努力，都是为了能够让自己主宰命运。不少年轻人常常觉得，只有自己创业，拥有自己的事业，才能够掌握自己的命运。其实，并非如此。

其实，自己创业的人会更多地有求于人。打工，你要遵照老板的指示；创业，你要遵照所有客户的意见。在这个世界上，没有谁能够实现真正的自由，完全凭自己的喜好做事。除非你真的安贫乐道，或者思想达到了一定的境界。

有句俗话说得好："那些当'爷'的人，也曾向人低过头。"年轻的时候，你不想有求于人，不想向别人低头，在以后的岁月里，你会发现自己年龄一大把时，还要给别人弯腰鞠躬。成熟的人都懂得这个世界上没有谁不需要帮助，只有互相帮助，才能实现双赢。

"命运掌握在自己手里。"这句话包含两层意思。一层，靠的是个人的努力和意志；另一层，靠的是别人的帮助。不要因为现在你有求于人而觉得羞耻，只有幼稚的小孩子，才会觉得只靠自己就能够成功。有求于人并不是什么丢人的事，因为求助带来的同样是进步，只要有进步，你就会慢慢变得成熟，变得成功。

　　坚持相信命运并不是上天的赐予，而是自己选择、自己努力以及大家帮助的结果，这一点有助于你更快成熟起来。怎样把命运掌握在自己手里？怎样才能不必做自己不情愿做的事？怎样才能让自己觉得自己的一切都在"掌握之中"？年轻人有时会感到茫然，觉得"工作很痛苦但是还必须忍受，因为我需要生存"是一件很悲惨的事；有时也会觉得没有时间做自己喜欢的事，没有资本按照自己的喜好做事，觉得非常痛苦。的确如此，如果你没有办法把握自己的生活，就会像歌里唱的"有时间的时候，我却没钱；有钱的时候，我却没时间"一样，你的生活会充满遗憾。

　　命运的第一步就是"选择"，这个词看起来很简单，做起来却很难。比如娱乐，你是想赚更多的钱，或者取得更大的成就，还是想快快乐乐享受自己的青春？每个人的想法都不一样。如果你想的是功成名就，想的是获得成功，或者成为一个卓越的人，那么势必要舍弃一些玩乐的时间，比如别人工作8小时，而你要工作12小时。如果想的是人生苦短，那你最想要的就是享受生命，只要获取了足够的生存资本，其他的时间就随自己心意，比如为了度假、游玩而请假也是一件很平常的事。

　　人生没有两全，只要你觉得自己所选的是对自己最好的、最有价值的，就是一种成熟。因此，人不必活在两难之中，不必勉强自己做不喜欢的事，这也是对自己命运的一种掌握。

　　为自己的选择努力拼搏，能够把命运掌握在自己手中，这对于很多人都是适用的。一个人的努力，可以改变因为家庭、环境而造成的不好现状。命运一半是上天的赐予，另一半是个人努力的结果。你生长的家庭、受到的教育，谁都无法改变，可以改变的只有你自己。通过个人的拼搏，完全可以改变周围的环境和自己的境遇，这样你就可以把命运掌握到自己手中。土地贫瘠还是肥沃，谁都无法改变，可是只要有足够的努力，种上适合的作物，每一块土地都能有不错的收获。

自己制订计划，并按照自己的计划做事，这是把命运掌握到自己手中的具体方式。如果发现事情的发展在自己的意料之中，你就会意识到，原来自己也可以掌握事物的发展，原来自己也可以掌握自己的人生。这种感觉是非常美妙的，而只有按计划行事的人，才能体会这种感觉。

把命运掌握在自己手里，不仅是说说而已，还必须有自己的一套实施方案，比如按计划进修、请客交友、寻找贵人、谋划升职……当完成人生中的一个阶段，回顾时，你就会感叹原来人真的可以掌握自己的命运。

第3章

此时你若不去勇敢，未来谁能替你扛

　　人的一生，会遭遇各种坎坷和困难，我们经常感到迷茫和胆怯，踌躇着不知如何前行。或许是因为害怕失败，或许是不想变成自己最不想成为的那种人，又或许没有信心，不相信自己的能力……面对人生的困惑和苦恼，我们或许很难一个人面对它、解决它，那么不妨读一读本章的内容，它可以帮助你拥有坚强的内心，以勇敢的姿态去面对人生的风雨。

别担心自己会失败，路会在脚下延伸

一个成熟的人总是会拉近自己与成功的距离。当他想要获得成功的时候，他的想法和情绪都会帮他积攒正面的力量。因此，成熟的人不会让失败的挫败感长时间影响自己，而会让自己的目光尽快地回到失败带来的积极力量上面。

想要成功就不能总盯着阴暗面，成熟的人无论在任何情况下都会一分为二地看待问题，从而把更多的精力放在一件事情的积极的、有建设意义的一面。此观点可以让我们永远为事情找到出路，找到有利于成功的因素。走在迷宫中，如果一条路没有走通，变成了死胡同，你若在此嗟叹伤心，既浪费了时间，又让自己心生沮丧；如果能够从好的方面想，这未尝不是一个机会，检验出一条路不通，那么可以通向外面的路的选择范围又缩小了，这就是一件振奋人心的好事。

看事情的角度不同，我们面前的世界就会不一样，我们能够走出的人生之路也不一样。如果总盯着人生中那些阴暗面和挫折，就会变得颓废，得过且过，只要不摔跤就好了，那么我们离成功就更远了。要知道成功是一条布满荆棘的路，路上的荆棘扎疼了你，是因为你走对了大方向；如果你走的是一条坦途，那么路上就没有失败，但最终也没有山峰，更没有成功。

很多一生平顺但没有大成就的人走的就是这条路；而那些最终成就大业的人，注定要磕磕绊绊。因为要求完美，所以遭受痛苦；因为痛苦，所以最终完美。

想要成功，你就不能总盯着阴暗面，无论是自己情绪的阴暗面，还是这个社会的阴暗面。失败的原因固然有自己的，也有社会的，但总之还是自己的，如果自己对社会的某些潜规则不知情，无意中触犯了某些规则，那么就算自己失败，也是注定的，而你不能因此就怨天尤人，抱怨社会的不公平。你应该找出合理处世的规则，设法把那些阴暗面为我所用，只有这样才会对你的事业有所帮助。

社会对于每个人都是公平的。当你摔了跤，就知道人生路上的陷阱在哪里，从而使自己的人生有了很大的进步。摔跤是一种经验，不仅能够让你在这条路上避开类似的陷阱，还会在未来的道路上帮助你甄别那些机遇和陷阱，让你变得更加谨慎、理智。学会寻找事物的规律和处世的规则，并使这些成为自己的收获，这将在未来的考验面前帮助到你自己。

我们应该趁着年轻，进行各种各样的尝试，不要害怕摔跤、失败，因为失败不过是人生之路上的一段低谷。经过这个阶段，我们就可以到达自己想到的地方，然后继续前进。当你度过这个阶段，就会发现它是一个让你增长才干的机会。人生只有失败过才懂得成功的真正意义。从失败中爬起来的人，才能够真正屹立不倒。

网易的总裁丁磊说过一句话："人生是个积累的过程，你总会有摔倒。即使跌倒了，你也要懂得抓一把沙子在手里。"正是抱着这样的态度，在他2001年9月因误报2000年年收入，违反美国证券法而涉嫌财务欺诈，被纳斯达克股市宣布暂停交易，而又出现人事震荡后，才能够不被失败击倒。作为一个转折点，他将网易公司的三大业务重点锁定为在线广告、无线互联及在线娱乐。2002年是中国短信"爆炸"的一年，丁磊恰巧因此抓住了这个机会。2002年8月后，网易公司的利润成倍增长。美国纳斯达克股票交易市场很快恢复了网易公司的股票交易，不久丁磊被胡润财富榜和《福布斯》杂志双双评为"中国首富"。

失败中蕴藏着巨大的机遇。如果你能够从正面看待失败，不被打倒，也许就会"柳暗花明又一村"。我国古代的哲人很早就提出"祸福相倚"的说法，并认为"塞翁失马，焉知非福"，而外国也有"上帝为你关闭了一扇门，必定会为你在别处开一扇窗"的谚语。由此可见，失败并不都是坏事，如果能接受教训，并因此到别处寻找机遇，或许又会另有一番局面。

年轻人不要悲观，年轻时总是失败并不可怕，因为你还有"翻本"的机会。不要总看着阴暗面，而要努力拼搏、接受教训、总结经验，也许成功就在前面等你。

别担心自己无能，最优秀的人就是你自己

一个人有没有能力是怎样界定的呢？无非就是他手中掌握着什么。每个人都有自己的特长，只不过自己没有发现而已。年轻人说自己没有能力，无非是认为自己年轻没有历练过，学历低，甚至不如别人的头脑聪明等，除此之外还有其他的吗？能力所包含的意义是极广的。

也许你并不聪明，但你确定自己的运动细胞也不好吗，还是动手能力也比别人差，还是不会与人交往，没有专注力？一个人不可能一无是处，当你觉得自己一无是处，是因为你还没有发现自己的特长，并不说明你没有特长。正如一句格言所说的那样："这个世界并不缺乏美丽，而是缺少发现美丽的眼睛。"一个人一定要仔细寻找自己的特长，哪怕是一个小小的特长。

大仲马在成名之前，穷困潦倒。有一次，他跑到父亲的老朋友那里，请他帮忙找工作。父亲的朋友问他："你能做什么？"

"没有什么了不起的本事。"

"数学精通吗？"

"不行。"

"懂物理吗？或者历史？"

"什么都不知道，老伯。"

"会计呢？法律如何？"

大仲马满脸通红地说："我很惭愧，不过现在我一定要努力补救自己的这些缺点。相信不久之后，我一定会给老伯一个满意的答复。"

可是，他父亲的朋友对他说："可是你要生活啊。将你的住处留在这张纸上吧。"大仲马无可奈何地写下了他的住址。他父亲的朋友见了大仲马的字后，高兴地说："你的字写得很好啊！"大仲马备受鼓舞，从此以后就坚定地踏上了文学之路，并最终成为一代文豪。

人一定要努力寻找自己的特长，哪怕这个特长是微不足道的。因为，它是你信心的源泉，是你走向成功所握有的唯一武器。不要说自己没有能力，那是因为你还没有找到，在这个世界上，谁都不会一无是处，只有善于挖掘自己的"宝藏"，才能创造奇迹。

不但如此，能力并不是固定的。现在的你一无所长，并不等于将来的你也会一无是处。只要足够努力，每个人都可以拥有自己的一技之长，现在也许你不如别人，但只要你每天都能进步一点点，很快你就可以超越别人，甚至成为一个很优秀的人。

不少有大成就的科学家，在小时候都因为笨而被别人嘲笑过。比如，爱因斯坦小时候动手能力很差，一个小板凳做了3遍还非常粗陋；诺贝尔化学奖得主奥托·瓦拉赫曾被老师评为

"不可能有前途"，大多数人都觉得他成才无望；卡耐基也曾被评为"公认的坏男孩"，连父亲都评价他是"全郡最坏的男孩"。可是，最终这些人都通过自己的努力而成为世界上的顶尖人物。

所以，没能力、没优势，代表的仅仅是过去。只要相信自己，不断奋进，不断进步，终有一天，你也能够闪烁出耀眼的光芒。不要纠缠于自己没有出人头地，或者自己没本事的念头。能力都是学出来的，积累出来的，只要你相信自己，就一定会有出路。自信对于成功的作用至关重要，就算有再多的人否定你，你也不要否定自己，因为人生的成败最终还是握在自己手中的，如果你自己放弃了，就真的无法挽救了。

年轻人不要轻易否定自己，如果觉得自己不够聪明，就要不断努力充实自己，增加自己的经验；觉得自己眼界不够广博，就要增加自己的阅历，并且不断学习和阅读。每个人都有缺点，如果能够弥补或避开，你就是完美的。上天公平赋予了每个人一项特长，所以不要说自己没有能力，而要善于发掘自己的特长，并善于培养自己的优势。

一个成熟的人懂得如何让自己拥有信心。他们不会轻易否认自己，放弃成功，而会召唤自己的努力和热情，发掘出自己的优势，从而一步步走向成功。

别担心自己经验少，要学会经营你的优势

经验固然能够使你走向成功的步伐更快一点，但是经验并不是全部，它也不能代替能力、信念等。一个年轻人想要走向成功，不能仅仅靠经验，因为这不是你的强项。和那些已经工作几十年的人相比，你所具有的一点经验没有任何优势。不过，这不等于你就没有成功的机会，经验是优势，同样也是桎梏。一个人如果经验丰富，就可能总凭经验做事，而忘了创新，这样思想也会陷入某些条条框框而无法摆脱，解决起事情来也总会受"思维定式"的束缚。有经验本来是好事，但如果一个人因为经验陷入直觉和习惯，那就是一件可怕的事情了。经验确实能帮助我们，只是积累经验需要花费太长的时间。等到人们获得智慧的时候，其价值已经随着时间的消逝而减少了。经验和时间有关，适合某一时代的行为，并不意味着今天仍然行得通。

那么年轻人的优势到底在哪里呢？怎样努力才可能更出色？年轻人想要获得成功，一定要在以下几个方面下功夫。

（1）用知识武装自己的头脑。有句话说得好："你可以白手起家，却不可以赤手空拳。"这是一个信息大爆炸的社会，知识作为一种资本，将成为你取得成功的最基本手段。一个人没有学历不重要，但是如果没有头脑，那么他将一事无成。无论是从做事过程中吸取经验，还是通过学习、深造来获得知识，都必须要保证自己有一个"一流的头脑"。专业知识是优

势，头脑灵活也是优势。

　　尽可能在工作之余多看看专业书籍，多了解社会动向，每天都要学习，每天都增加一点知识，每天都进步一点。投资于自己的头脑，将是这个世界上最划算的投资，它会在日后的事业中让你受益无穷。年轻人一定要勤于学习，提高自己的学习能力，经营自己的头脑。

　　（2）人脉经营。这一点大家都很明白，很多年轻人现在都特别重视在工作中的人际交往和培养自己的人脉关系。但需要提醒大家的是，不要过于功利，而要重情义。"朋友是人生的一大笔财富。"但是，并非所有的人脉关系都属于"朋友"，要能够分辨。

　　（3）经营自己的信念。这点不好理解，但是人生是需要规划的，这一点想必大家都清楚，能够出色地规划自己的职业人生或事业人生，一个人才可能走向成功。如果对未来的事情没有计划，既没有目标梦想，又没有具体的计划，那么成功只会离你越来越远。所以，经营自己的人生绝对要包括逐渐在头脑中清醒地构建出自己的未来，规划出自己的每一个步骤。

　　（4）经营自己的习惯。一个人有着怎样的习惯，对于他的人生影响巨大。好的习惯能够带他走向人生的辉煌；不好的习惯则会让他受到失败的反复煎熬。想要成功就必须从现在开始培养自己良好的习惯，包括积极正确的金钱观念、处世观念及成功观念，以及细小的习惯性动作。

　　一个毫无特色的年轻人为什么能够脱颖而出，超越他的同龄人和比他成熟的那些人？答案就是对自己人生的成功把握、成功经营。只有这样才能够真正成功。经营使你进步，优化你的生活和事业，使你有目标、清醒地活着，只有这样的生活状态，才能使你超越那些迷茫而浑浑噩噩的人。

　　成熟就是懂得让自己的生活更清醒一些，更理智一些，并且有明确的目标，明白地生活，不要得过且过。

别担心自己没机遇，创造财富需要慧眼

　　年轻人不要抱怨自己没有机会，其实机会就在自己身边。而赚钱需要有能够发现财富的眼光，只要有了这种眼光，你会发现到处都有成功的机会，到处都有财富。因此，年轻人不要抱怨，从现在开始锻炼自己发现财富的眼光才是最重要的。

　　世界上成功的机会很多，就在于你能否用自己独到的眼光发现它。世界上有无数的财富，可是财富的分配并不公平。财富的聚集遵循怎样的规律？拥有怎样的眼光才能发现它？这与一个人是否在生活中仔细观察、处处用心有关，同样也与一个人的财商有关。一个善于观察的人往往能够看到别人看不到的商机。

　　一位对植物有很深研究的旅行者来到一个十分偏僻的地方观察植物，偶然间他发现一大片兰草。经过仔细确认后，他认

定这是兰花中的极品——佛兰。旅行者觉得这是上天给他的机会，因为佛兰是很有价值的观赏植物，极为罕见，而且价格不菲。不久，旅行者回到了城里，带回的几十株佛兰让赏花的专家眼前一亮，那些卖花的钱便让他成为了远近闻名的富翁。

　　这位旅行者为什么能够获得巨大的成功？首先，他善于观察。即使在极平常的地方也能够观察到财富，试想，如果他是一个对什么都视而不见的人，想必佛兰早就与他擦身而过了。其次，他在自己熟悉的领域有着丰富的知识和信息。如果他不是一个对植物有很深研究的人，那么大概只会把这些极品佛兰当成普通的小草。最后，他不是一个书呆子，而是有着极高财商的人，一个植物学专家，就算认出佛兰，大概也只懂得它的稀有，好好考察一番，看看它的属性、特质，而不一定知道它的市场价值。即使知道，也不一定认为应该把它从山中带到城里。如果是那样，他肯定也会与巨大的财富擦肩而过。

　　因此，想要获得成功，就应该具有这些特质。这些与眼光有关的特质，是我们获取财富的首要条件。如果没有，就算把黄金摆在面前，我们大概也只认为是一块颜色鲜艳的石头。

　　年轻人要懂得自己真正需要什么。当你在真心追求财富时，就应该知道，哪些东西和信息在自己这里意味着财富。有时，即使看到满眼的财富，它不是属于你的，挖掘它也不过是浪费时间。曾有这样一个小故事，在淘金的年代，一对父子听说一座山上有着金矿，就把那座山买了下来，自己掘金。但是，他们花费了十几年时间却没有任何收获，便把这座山卖了。买这座荒山的人是一个地质学家，他通过自己的勘探，认为这座山的确蕴藏着黄金，于是请人帮他在藏金的山脉间挖掘，果真开采出了不少金子，而金子所在之处距离那对父子挖的地方只有十几米而已。

这个世界上虽然遍地黄金，但并不是任何人都适合赚，且都能赚到。比如，比尔·盖茨只能赚计算机软件的钱，如果让他从事船舶业，大概要赔惨了。能够在自己熟悉的领域，拥有自己独特的眼光和赚钱的财商，才可能获得成功。

时刻注意周围的信息，因为只有足够的信息，才能为自己发掘财富的道路。一个人如果闭门造车，天天坐在家里等待机遇，馅饼是不会掉在他头上的。一个信息灵通的人，会在平淡中发现神奇，在普通中发现特殊，在别人看不见的领域发现获取财富的机遇。一定要不断扩展自己获取信息的渠道，因为那很可能意味着获取财富的机遇。

年轻人不要再抱怨自己没有机会，睁大眼睛寻找自己身边的机遇吧。

别担心自己没人帮，贵人要靠自己寻找

涉世之初的年轻人，如果仅凭一己之力，是很难有大的成

就的。那些登上成功顶峰的人，大多数都接受过"贵人"的帮助。贵人不可能无缘无故地来到我们身边，更不可能无缘无故地帮助我们，人生中的机会和贵人都需要我们自己去寻找。

可能有很多凭着自己能力工作的年轻人都会觉得不平衡，为什么别人有那么广的人际关系，而自己只能靠自己在最底层拼搏？很多人都希望能遇到赏识自己的人，把自己带到一个能够展示自己能力的位置上。其实，这样的机会并不是没有，但不会无缘无故地被你碰到。

千里马之所以能被"伯乐"寻找到，是因为它的奔跑本领和稀有程度。这个世界上千里马稀少，而有才华的人比比皆是。一个人想要被自己的贵人找到或找到自己的贵人，就必须有与众不同之处，就必须有吸引人眼球的能力。自己一生之中的贵人，需要我们自己去寻找，甚至需要我们自己去培养，这不是朝夕之功，因为想要成功，就必须付出巨大的努力。

"唐宋八大家"之一的韩愈在成名之前，曾寻找过很多出仕的机会。他写信拜会宰相，写信给襄阳大都督请求引荐。他的不少干谒之词，最终成为千古名篇。每个希望在某个领域有所成就的人，都应该积极寻找成功的办法，而寻找自己的贵人，这无疑是快速获得成功的一种方法。但贵人不会时刻在我们身边等待着发现我们，因此要靠我们自己去寻找，自己去接近。

贵人为什么要帮助你？一个人怎么会无缘无故地帮助另一个人呢？有些人有人脉，是因为有交情，或者是希望建立互惠的关系。贵人不会无缘无故地赏识和重用你，必须让自己身边的贵人看到自己的能力，他才可能赏识、器重、帮助你。想要得到贵人的帮助，就要证明自己的价值，证明自己值得被帮助。

当然，可能有一些人能够遇到贵人完全是因为"机缘"。如果我们能够秉着善良的原则做事，或许在帮助别人的同时，别人也会心存感激，而成为我们的贵人，来帮助我们。

寻找自己人生的贵人不是一个容易的过程。表现自我，在公众场合表现自己与众不同的能力，让贵人能够看到你，认识到你的与众不同，知道你的存在，意识到你可以帮助他。现实中，有很多适合年轻人表现自己的机会。比如，公开演讲的机会；自己可以在某个项目中建立功勋；当公司遇到瓶颈问题时，你能够想到很好的解决方式；当决策者有一个巨大错误的决定时，你能够坚决阻止等。这些都是表现自己的极好机会，请不要错过，也许因此你就能获得贵人的赏识和重用。

要积极地寻找贵人。对于那些可能帮助你，可能成为你贵人的人，要积极地与他取得联系，向他讲述你的志向和想法，让他承认你，并认可你的才干，从而愿意帮助你。MySee网站总裁高燃曾拿着电子商务的计划书在电梯中"堵过"杨致远。虽然他当时没有成功，但是他这种积极寻找"贵人"的行为是值得效仿的。后来，高燃还借采访远东集团董事长蒋锡培的机会，向他讲过自己的请求，并且最终在蒋锡培的资助之下，创立了MySee网站。你一定要有自己的想法，如果你认为身边的哪个人能够成为你的贵人，那么就一定要积极想办法接近这个人，找机会向他讲述你的想法，这样才可能找到属于自己的机会和贵人。

要培养自己的贵人。贵人不单单可以通过寻找获得，也可以培养对于自己有帮助的人。比如，某些人虽然目前处在落魄阶段，但他的能力和魄力注定了他能够有所作为，这时，我们不妨帮助他摆脱困境，那他自然就会成为我们登上人生顶峰的"贵人"。

历史上著名的红顶商人胡雪岩，他的发迹正是从他资助友人王有龄开始的。起初，王有龄虽然已捐了个浙江盐运使，但无钱进京。胡雪岩慧眼识珠，认定其前途不凡，便资助给王有龄五百两银子，让他速速进京，谋个官职。后来，王有龄在天津遇到故交侍郎何桂清，经其推荐到浙江巡抚门下，当了粮台总办。王有龄发迹后，并未忘记当年胡雪岩的知遇之恩，于是资助胡雪岩自开钱庄，号为"阜康"。之后，随着王有龄的不断高升，胡雪岩的生意也越做越大，除钱庄外，还开起了许多的店铺。"士为知己者死"，如果在别人落魄阶段时培养的自己的"贵人"，那么当他东山再起之后，自然会不遗余力地帮你。

想要有所发展，想要获得贵人的帮助，就要从自己的手边做起，不能一心想着别人无缘无故就帮助你，你首先要证明自己的实力，善于帮助别人，才有可能使别人愿意帮助你。

别担心自己没创意，勇于尝试就有机会

每个人都有自己不同的赚钱方式，而每种方式赚到的钱是不一样的。有的人一天到晚忙忙碌碌、辛辛苦苦，可赚到的钱只够自己的生活所需；有的人并不那么忙碌，可他一天赚到的财富非常多。这是为什么呢？不过是赚钱的方式不同罢了。

有的人靠体力赚钱，靠的仅仅是劳动的双手，如果他一天没有劳动，就没有收入；而有的人靠自己建造的某个系统赚钱，就算他某天没有工作，还是有财富滚滚而来。一个人赚钱能力的高低，用什么方式来积累财富，是与他的工作方式有关的。

有这样一个小故事，美国一个摄制组，找到一位柿农，表示要买他的柿子。于是，柿农找来了自己的邻居，自己用带弯钩的长竿将柿子钩下来，邻居在下面用蒲团接住，一钩一接，配合默契，大家还相互谈笑风生，唱歌助兴。美国人把这些有趣的场景都拍了下来。临走的时候，那些美国人付了钱，却没有拿走那些柿子。柿农们都感到很奇怪。其实这并不奇怪，因为那些美国人就是靠他们所拍摄的这些影片来赚钱的，他们的目的并不是柿子，而是由柿子产生的信息产品，那才是真正值钱的东西。

农民们忙了一年所带来的财富，却远远不及这一段小小的纪录片。由此可见，人不仅要凭着体力劳动或技术来赚钱，还要学会思考，学会用自己的创意来赚钱。很多年轻人可能会认为自己没有创意，没有创造新事物的能力。其实，创意不仅仅是创造新事物那么简单，它可以是一个新鲜的想法，也可以是一种稍稍改良的做法。不要轻视这些微小的创意，也许它们就可以给你带来巨大的财富。

想法、创意再好，也需要尝试。在尝试一件事情之前，不要急着去否定它，只要有了新想法，就应该尝试，因为只有行动才能带给我们足够的财富。如果像人们说的那样，"晚上想了千条路，早上还是沿着老路走"，那就不可能有任何的进步，更不可能奢望积累更多的财富。

创造财富一定要勇于尝试，不断找出自己可以改变的地方，找出目前做事方法的缺点和不足，然后试着进行改造，也许因此就可能产生新的创意。

美国摩根财团的创始人摩根，原来并不富有，夫妻二人仅仅靠卖鸡蛋维持生计。但聪明的摩根善于观察和思考，他看到人们总是喜欢买妻子的鸡蛋，弄明白了原来是人们眼睛的视觉误差，使自己大掌中的鸡蛋变得小了。于是，他立即改变了自己卖鸡蛋的方式：用浅而小的托盘盛鸡蛋。果然，他的销售情况有所好转。但他并没有因此而停止思考研究，既然视觉误差能够影响销售，那经营的学问就更大了。于是，他对心理学、经营学、管理学等进行了研究和探讨，最后创建了摩根财团。

对于成功来说，创意固然重要，然而敢于尝试的心则是更重要的。年轻人如果顾虑太多，总是困于自己原有的知识水平，不敢冲出自己的圈子，并且害怕自己的生活会因此变得更苦，那么他永远都不会与财富结缘。那些成功的人士都曾经冒过一定的风险，当过第一个吃螃蟹的人。正如俗话所说的"富贵险中求"，安安稳稳地生活，注定不可能与财富结缘。

只有善于思考，对自己的想法勇于尝试的人，才可能取得成功。即使你的想法并不完善、并不是成熟，你也可以进行尝试，然后在实践中完善自己的想法，没有任何一件事情，是在一开始就非常顺利的。但是，如果不进行尝试，那么你将与成功无缘。

"超人"牌剃须刀占据中国电动剃须刀市场的21%，但是他们的创业之路非常坎坷。开始的时候，应家兄弟是做电器配件的。有一次，大哥到山西出差，看到人们在排队买电动剃须刀，于是就特意买了一个。大家都觉得这个东西很有市场，于是决定做电动剃须刀。

几个兄弟开始繁忙地联系业务，订单有了，生产的事情却让他们大伤脑筋：当地的塑料加工工艺没有优势，很多零件要到全国各地去采购，增加了成本，不但如此，因为没有经验，剃须刀还出现了质量问题。但是，失败并没有击败他们，他们一次又一次地从市场、技术、销售等方面做了详细的调查和分析。最终，他们决定从刀片上打开市场，开始了自己的事业。而今，"超人"牌剃须刀已经与飞利浦、博朗、松下3家著名厂商所生产的剃须刀并列为全球四强。

　　由此可见，创意对于创业固然重要，但是最重要的还是尝试的勇气，只要有勇气尝试，就有可能用自己的方式创造财富。勇气是年轻人最大的财富和力量，大家要谨记此点，要用勇气来开创自己全新的人生。

第4章

即使是不成熟的尝试，也胜于胎死腹中的空想

　　面对人生之路，我们常常会小心选择，看到别人超越了自己，越是着急越不得其法，到底是什么阻碍了我们的成功呢？是选择的一条错误的路，导致人生某阶段的失败吗？不是，是你任何路都不敢选择，你不走，就永远不会知道这条路通向哪里。所以，勇敢一点，哪怕是错误的、不成熟的尝试也是一种进步，至少你知道哪条路是错误的了。

本来无望的事，大胆尝试就能有所突破

莎士比亚说："本来无望的事，大胆尝试，往往能够成功。"

很多初入社会的年轻人，没有做事业的资本，没有广泛的人脉关系，想要闯出一片自己的天地很是艰难。因而在社会的压力下，在成功人士耀眼的光环下，很多年轻人丧失了信心，即便有完美的想法和策略也不敢对人讲，更不敢付诸实践，怕失败，怕被人嘲笑，怕遭受打击。可是要知道，每个人都曾有过无数个第一次，每个成功者的背后都可能有无数次失败的尝试，即使是不成熟的尝试，也胜过胎死腹中的策略。尝试了至少还有成功的机会，而不尝试，你永远也不可能看到成功的大门开向哪边。

我们都知道爱迪生发明电灯的故事，为了找到合适的材料做灯丝，他先后做了1600种不同的试验，试用了各种各样的耐热材料。后来，他全力在碳化上下功夫，仅植物的碳化实验，就达600多种。经过3年时间，终于在1880年上半年研制出较满意的竹丝电灯，然而他并未满足，依然大胆进行各种尝试，最终制造出了震惊全球的钨丝电灯。试想，爱迪生若只是把找灯丝作为一种想法，而不付诸行动，恐怕我们到现在还在点煤油灯；再者，若爱迪生找到几种比较满意的灯丝就停止尝试，那么我们今天随时随地、无时无刻都能享受到的光明也就不存在了。

所以说，尝试是破土而出的幼苗，看似力量微弱却可以突破头顶的土层，迎来阳光和雨露。尝试的力量不可估量，它是走向成功的第一步，是精彩大戏上演前必须拉开的帷幕。前方是未知的，只有不断地摸索尝试才有成功的机会，只有勇于尝试、坚持不懈，才会有成功的那一天。

曾经在电视上看到过这样一则动画：

烈日下，一群饥渴的鳄鱼栖身于一片池塘之中。已经一个多月没有雨水了，曾经的池塘快要干涸了，鳄鱼们为了残存的水源互相残杀。然而几天又过去了，依然没有雨水注入，池塘已干枯得只剩些许污泥。面对这种情形，一只小鳄鱼勇敢地起身离开了池塘，它尝试着去寻找新的绿洲。其他鳄鱼呆呆地看着它，似乎它将要走向一个万劫不复的地狱。然而，当池塘完全干涸了，唯一的大鳄鱼也因饥渴而死去的时候，那只勇敢的小鳄鱼却经过多天的跋涉，幸运地在途中找到了新的栖身之所，在这片干旱的大地上，等到了雨季的再次来临。

尝试需要无畏的勇气，大胆地尝试才能取得更好的结果。小鳄鱼勇敢地尝试，换回了自己一条鲜活的生命，如若不然，想必它也难逃丧生池塘的厄运。可见，勇于尝试的精神很重要。

当然，勇于尝试并不仅仅是精神上的，还需要身体力行，切实地落实到每一个行动上。只有不断地坚持尝试，跌倒了再爬起来，不气馁、不抱怨，才能真正地迈向成功的彼岸。

刘明从学校毕业后，一直干劲十足，总想做出一番让人刮目相看的事业来，一则体现自己身为名牌大学生的价值，二则光宗耀祖、成为让人羡慕的人。然而接触到实际的工作之后，刘明总觉得自己有所欠缺，做任何事都没有十足的把握，因此很多任务他都不敢主动接手，也不敢承担一些棘手的工作。久而久之，上司也认为他不适合做大事，所以只交给他一些简单的工作，于是，刘明成了公司里打杂的人。就在他为自己的工作苦恼不已时，公司派来一位新上司接任原来的上司。新上司对刘明说："不要给自己找任何理由和借口，没有任何事情是要等到十拿九稳才能去做的，如果永远不开始，你只会一事无成。行动吧，大胆地尝试，失败也是一种收获呀！"听了这番话，刘明开始认真反思并努力工作，不久便成为这家公司最优秀的职员。

年轻人做工作，像刘明这样畏首畏尾、对自己没有信心的人很多。他们不是没有能力，而是不敢跨出迈向成功的第一步。"没有尝试，就不知道问题在哪里"，"不经历失败，就不能进步"，任何一种不成熟的尝试，都要胜于胎死腹中的策略，不做就永远没有成功的机会。

年轻人经验少，就更需要不断去尝试，在尝试新的未曾做过的事时，才能有新的突破和发现。很多人不敢学游泳，不敢走夜路，不敢上课提问，更不敢上台演讲，这种种的不敢，都是给自己设下的无形障碍。也正是这些障碍，使我们裹足不前，错过了许多机会。要记住，在尝试新事物的过程中肯定有输有赢，但如果你什么都不敢去做，主动投降，只会一输到底。

法国有句名言："一个生平不干傻事的人，并不像他自信的那么聪明。"不愿意冒任何风险，不愿意尝试任何新事物的人，他们的生活很难有新的突破和发现，甚至很难遇见新的机遇。只有不断地尝试，我们的智慧才能得到增长，我们的能力才能得到提升，我们的思想才能得到升华；只有不断地尝试，我们才能攀上一个又一个人生的高峰。

消极悲观的话语，会粉碎你内心的希望

永远不要听信那些消极、悲观的话语，它们只会粉碎你内心最美好的梦想与希望！

从前，有一群青蛙组织了一场攀爬比赛，比赛的终点是一个非常高的铁塔的塔顶。一大群青蛙围着铁塔观看比赛，但蛙群中没有谁相信这些小小的青蛙会到达塔顶。

比赛开始了。一些青蛙在下面议论，"这太难了！它们肯定到达不了塔顶！""它们绝不可能成功的，塔太高了！"听

到这些，除了情绪高涨的一些青蛙还在往上爬外，一只又一只的青蛙开始泄气了。青蛙们继续高声喊叫："没有谁能爬上塔顶的！"此时，越来越多的青蛙退出了比赛。最后，其他的青蛙都退出了比赛，除了一只青蛙，它费了很大力气，终于成为唯一一只到达塔顶的胜利者。其他青蛙都想知道它是怎么成功的。有一只青蛙跑上前去问那个胜利者："你哪来那么大的力气爬完全程？"结果它发现那只胜利的青蛙是个聋子。

这个故事的寓意是：永远不要听信那些消极、悲观的话语，它们只会粉碎你内心最美好的梦想与希望。要牢牢记住你听到的充满信心的话语，因为所有你听到的或读到的话语都会影响你的行为。所以，二十几岁的年轻人要随时随地保持积极、乐观的态度，最重要的是：当有人告诉你，你的梦想不可能成真时，你要变成聋子，对此充耳不闻，要总是想着，我一定能做到。

有一个书生骑着骡子，带着一个书童挑着书陪他进京赶考，路过一个村子时，有人在背后指指点点："瞧，这个书生骑着骡子赶考。"于是，书生把骡子送人了，自己带着书童去赶考。走了一段，又有人说："瞧，这个书生带着书童去赶考。"听到此话，书生又把书童辞了，自己挑着书去赶考。一会儿，又有人说："这个书生挑着书籍去赶考。"书生听了丢下书籍，什么也不要了。最后，他身无分文，沿途乞讨。看到他的人又说："看，这个书生什么也不带，还进京赶考呢！"

书生听后，后悔不已。

　　每当书生听到别人议论自己，就做出一项决定，仿佛自己活着就是为了满足别人的议论。这也从另一方面表明了这个书生对自己的极度不自信。一个不自信的人，怎么能意志坚定地追求自己的目标呢？但如果我们真的不能摆脱不自信的困扰，那么就选定一个目标，并且坚定地实现它，相信它的结果会使你重拾信心。

　　人生的道路上到处布满了荆棘，我们可能会经历各种各样的挫折。年轻人走在这条崎岖的道路上，如果没有坚强的意志，那么将不会享受到真正的人生；反之，如果一个年轻人有足够坚强的意志，即使遇到挫折和失败，也不会停下来，在每次跌倒后，都会顽强地爬起继续前进，那么不久他将听到人们的称赞。

　　二十几岁的年轻人要对自己的目标充满信心，始终向着心中的目标前进，即使别人都失败了，你也要相信自己会像那只失聪的青蛙一样，成为唯一的成功者。

只要勇于开始，永远都不晚

　　古语道："亡羊而补牢，未为迟也。"我们总以为开始太晚了，就因此放弃。殊不知，只要开始，就永远不晚。

　　日语班里来了一位老者。"您是给孩子报名的吗？"登记员问他。老人回答说："不，是我要报名。"登记员愕然。老人解释说："儿子在日本找了个媳妇，他们每次回来，说话叽里咕噜，我听着着急。我想同他们交流。""您今年高寿？""68。""您想听懂他们的话，最少要学两年。可您两年后都70了！"老人笑吟吟地反问："姑娘，你以为我如果不学，两年后就66了吗？"

　　老人学与不学，岁月终将流逝，然而，能够开心地和儿媳交流，可使老人获得更多的快乐。有了开始就有了成功的希望，没有开始，就永远没有成功的可能。事情往往如此，大家总以为开始太晚了，就因此放弃。殊不知，只要开始，就永远不晚。无论是二十几岁的年轻人抑或是迟暮的老人，都是按照岁月的年轮在前行，然而不同的是，有人主动站起来朝着自己的目标走，而有些人只是木然地躺着，全然不知自己想要怎样的人生。这就是有人年纪轻轻就可以取得人生的大丰收，有人活了一辈子却依然是空白的原因：不曾开始便永远不会成功。

　　我们常常在想有一天要去做什么、学什么，可是始终没有开始，总是觉得好像已经来不及了，这种借口一直以来阻碍着二十几岁的年轻人向上的脚步，不是没有能力，而是借口太多。在人生中可以学会些什么、拥有些什么或追求些什么都很难得，所以千万不要画地自限，只要及时开始，人生随时都会有很多收获。任何事情只要你开始去做，永远都不会太迟，不管成败与否，至少对自己有个交代，努力过了便没有遗憾。

曾经看到过这样一个故事：

美国老人哈里·莱伯曼退休后，常去一所老人俱乐部下棋，消磨晚年时光。一天他又去下棋，女办事员告诉老人，他的那位棋友因身体不适，不能前来陪他下棋了。看到老人一副失望万分的样子，热情的办事员建议他到画室去转一圈，如果有兴趣可以试画几下。老人听了哈哈大笑："你说什么，让我作画？我从来没有提过画笔。"

然而在女办事员的坚持下，莱伯曼还是来到了画室。那一年，莱伯曼80岁，第一次摆弄起画笔和颜料。回忆起这件事，老人感慨地说："这位办事员给了我很大鼓舞，从那以后，我每天去画室，我又重新找到了生活的乐趣。退休后的6年，是我一生中最忧郁的时光，没有什么比一个人等着走向坟墓更烦恼的事了。"从事了这项新的活动后，莱伯曼感到仿佛又开始了新的生活。

提起画笔后，莱伯曼全身心投入，进步很快。81岁那年，他参加了一所学校专门为老年人开办的10周补习课，第一次学习绘画知识。第三周课程结束后，老人对任课教师——画家拉里·理弗斯抱怨说："您对每个人讲这讲那，对我的画却只字不提，这是为什么？"理弗斯回答说："先生，因为您所做的一切，连我自己都做不到，我怎敢妄加指点呢！"最后，他还出钱买下了老人的一幅作品。

从此，老人更加勤奋了，对绘画倾注了全部的热情。4年后，老人的作品先后被一些博物馆和许多著名收藏家收藏。美国艺术史学家斯蒂芬·朗斯特里评价莱伯曼是"带着原始眼光的夏加尔"。

在莱伯曼101岁这年的11月，洛杉矶一家颇有名望的艺术品陈列馆举办了题为"哈里·莱伯曼101岁画展"的展览。有400多人参加了开幕式，其中不少是收藏家、评论家和记者。在开幕仪式上，莱伯曼对嘉宾们说："我并不认为我有101岁的年纪，而认为我有101岁的成熟。我要向那些到了60、70、80或90岁就自认为上了年纪的人表明，这不是生活的暮年。不要总去想还能活几年，而要想着还能做些什么，这才是生活！"

二十几岁的年轻人要记住，如果你愿意开始，认清目标，打定主意去做一件事，而且全力以赴、坚持不懈，那么只要开始，便永远不晚。苏格拉底临终前还在跟他的弟子若无其事地讨论问题；圣伊格拿修虽然已经上了年纪，但还跟他的弟子们坐在一起学习，因为他需要而且希望学习。

"晚"之于成功，恰如挥一鞭之于千里马。然而在一鞭打在身上之后，是飞奔向前还是继续酣眠，就是我们不得不面临的抉择了。

千里之行始于足下，千里马不跨第一步，与驽马无异，彷徨、犹豫甚至气馁，只会让我们落后乃至失败。是做一匹真真正正的千里马还是由千里马堕落为驽马，二十几岁的年轻人，你应该学会自己选择！

上帝的延迟，并不是上帝的拒绝

看过电视剧《士兵突击》之后，很多人记住了执着的许三多，很多人记住了"不抛弃，不放弃"的精神。作为二十几岁的年轻人，应该做到在最艰难的时候，不要放弃，即使没有人看好你，也要给自己加倍的信心，相信成功会在终点迎接你。

一个农场主在巡视谷仓时不慎将一只名贵的金表遗失在谷仓里。他四处翻找无果，于是在农场门口贴了一张告示：如果有人能够帮忙找到金表，奖励100美元。

面对重赏诱惑，人们全都卖力地四处翻找，但谷仓内谷粒成山，还有成捆的稻草，要想在其中找寻一块金表如同大海捞针。

人们忙到太阳下山，仍没找到金表，于是他们开始抱怨，一会儿抱怨金表太小，一会儿又抱怨谷仓太大、稻草太多，最后他们相继放弃了100美元的奖励。而有一个穷人家的小孩在众人离开之后仍不死心，努力寻找，他已整整一天没有吃饭，希望在天黑之前找到金表，解决一家人的吃饭难题。

天越来越黑，小孩在谷仓内坚持寻找，突然他发现，当一切安静下来后，有一个奇特的声音，那声音"滴答、滴答"不停地响着。小孩顿时停止寻找，谷仓内的"滴答"声更加清晰了。小孩寻声找到了金表，最终得到了100美元。

成功如同谷仓内的金表，早已存在于我们周围，散布于人生的每个角落，只要执着地去寻找，专注而冷静地思考，我们就会听到那清晰的"嘀答"声。成功的法则其实很简单，那就是执着，然而大多数人却没有坚持，甚至不屑于去做，于是成了成功门前的过客。

年轻人大都好面子，喜欢谈成功的经验，而不喜欢讲失败的教训。因为谈起经验面上有光，而说到教训总感到心中有愧。其实，教训大可不必讳言，它与经验同等重要，应该引起年轻人的重视。

据一项心理学统计，一个普通的人可以忍受被拒绝和失败的次数通常以3次为限，但是一个成功的人，他可以忍受失败的次数是几次呢？答案是：无数次！"只要功夫深，铁杵磨成针"，执着是我们共同的导师，缺少执着是人类共同的敌人。但是执着不等于一味埋头苦干，也要学会巧干。例如，愚公移山，愚公的精神是好的，可是这种执着不被现代所提倡，总结规律，提高效率，这样做事的效果才是最好的。

美国最伟大的总统林肯坚信："上帝的延迟，并不是上帝的拒绝。"成功就是屡败屡战，然后从每一个失败中寻找不足，把每一次失败的经验当成自己下一次成功的资本。所以对于二十几岁的年轻人来说，失败并不可怕，我们应把它当作一种宝贵的人生经验，以乐观的心态、思考的眼光看待失败。反而是那些一向顺风顺水的人，没尝过吃苦的滋味，一遇到挫折和困难，便容易一蹶不振。

二十几岁的年轻人正处于人生的起步阶段，所以失败在所难免。我们需要记住先哲的一句话："生命中的每个失败，每个伤痛，每个打击，都有其意义。当你正视失败，并把失败看做成功的基石时，成功就会降临在你头上。"

走自己的路，让别人说去吧

在成功的路上，可能会有一部分人不理解你、误解你，甚至你的亲人也会反对你，不支持你。这时，你是放弃自己的梦想，顺应他人，还是坚持自己的想法，相信别人到最后一定会理解你？意大利诗人但丁说得好："走自己的路，让别人说去吧。"

如今的年轻人，喜欢特立独行，如果把这种精神运用在获取事业的成功上，就是一种积极的做法，就是值得鼓励的。但仅体现在服装上的奇装异服和行为上的诡谲，就是一种幼稚的表现。

有一个部门经理，每月有六七千元的收入，社会地位也比较高。但他发现了出租自行车给刚到北京的外国人逛胡同用暗藏着巨大的商机。而他选择的地方，就在自己公司的办公楼下，随时可能遇到上班的同事、上司，其中不乏自己的老同学。但他没有犹豫，第二天就向公司递出了辞呈。他说，最难熬的是第一天，他守着几百辆自行车，很多人都以为他沦落成街头看管自行车的人，还有同学好心地要给他介绍一份好一点的工作。那时，他特别尴尬。但想到自己的雄心壮志，还是忍了下来。不久，他取得了一些成绩，成为一个老板，他到处雇人帮他租车，开出的月薪超过了普通行业的几倍，而且也不需要更多的技术。由于大部分人放不下面子从事这份工作，他开始找那些从外地来打工的人为自己工作，自己则到处考察其他适合做这个生意的地方。就是凭借着这个小生意，他获得了巨大的成功，成为同事朋友们津津乐道的成功人士。他说，幸亏他当初不顾家人的反对、众人的嘲笑，坚持了下来，否则就不会有今天的成就。

希望获得成功是要付出代价的，其中的一个代价，就是遭受非议。只有获得成功，才可以让众人明白，你当初的选择是对的，用成功去证明自己是阻止议论的最有效的方法。

面对议论，我们要泰然处之，既不要夸大了议论的作用，也不要小看了流言的压力。顶住议论的压力，不是轻易就可以做到的，但只要我们相信自己是正确的，就应该坚持自己的想法，无论别人说什么，都不为所动，才可能实现自己的梦想。

有很多人失败不是因为能力不够，而是因为性格软弱，容易动摇，一旦别人否定了他的想法和做法，他就会觉得自己可能错了，而这时一旦遭遇挫折，他就会退却。这正是一种不自信的表现，只听信了片面的劝告，而不能自己做出判断，就会摇摆不定，这是成大业的大忌。年轻人经验不足，在听取他人的意见的同时更要有自己的判断，不能偏听偏信，更不能怀疑自己获得成功的可能。没有人可以击垮你的自信，除了你自己。关键时刻，怀疑自己会让一个人功亏一篑。如果你确认自己的行为是对的，就要坚持下去，绝不动摇，不要听取负面的言论，那些否定你的言论，只会让你退缩，让你失败。

我们在上学的时候，往往最信任、最尊重老师的意见，因此，他们说的话我们都是容易相信的，这就会变成我们的潜意识，不断地影响着我们。走入社会后，大家容易听信上司、同事的话，以此来博得他们的认同，因此，周围人对你的评价始终会左右你，绝不会对你毫无影响。很多曾经的神童正是不断被人们怀疑的评论扼杀，变成了平凡人。也有很多人因为亲人的信任和鼓励，变成了卓越的人。我们不能改变别人对我们的评论，却能够控制自己对别人评论的态度。当你面对"你以为你是谁""你只是个穷人的孩子""你不能""你做不好"这些会影响到你的评论时，你要做到听而不闻，保持好的心态。当别人否定你时，自我肯定一句"我一定行""我会证明给你看我能成功"，在每一句否定的批评后面，加一句肯定的自我鼓励，这样我们就会不断坚持自己的想法和做法。

"走自己的路，让别人说去吧"，年轻人一定要坚持自己正面的想法，不轻易接受负面的评论，不受别人负面看法的影响。

选择你所喜欢的，喜欢你所选择的

对于如何选择和对待自己的职业或者事业，每个人都有一定的标准，或者以发展前景为标准，或者以薪资多少为标准，或者以自己的能力专业为标准。

大多数二十几岁的年轻人选择工作时，首先便以自己的专业为标准，学管理的便想进入大公司的管理层，学财务会计的就想马上坐上财务主管的宝座，可是往往事与愿违。事实上，除非是家族企业，否则，很少有大的公司会把自己的管理层交给一个初出茅庐的年轻人。也有的年轻人在选择工作时，以薪资的多少、福利的好坏来选择。这是所有公司最讨厌的一种态度，还没有为公司做出贡献，没有证明你的能力，便首先谈论报酬问题，说明这个人太功利，他可能会为了更高的薪水去跳槽，公司怎么肯冒这样的风险呢？

那么，我们要以什么标准来选择工作才会让别人不厌烦，肯接受自己，自己也有更大的发展前途呢？答案就是"选择你所喜欢的"。这里的喜欢不是一时的兴趣，也不是简单的爱好，而是自己对一种职业的高度热情。这种热情不会因为困难而被浇灭，也不会随着时间的流逝而减少。你可能有很多的业余爱好，但你愿意以全部的生命和时间去投入、去博取的职业，才是你最有热情的、最喜欢的职业。孔子学音乐"三月不知肉味"，好读书者"一天不读书，便觉满口铜臭"，这就是热情的力量。我们无论选择职业还是选择事业，都要以自己的热情为标准，才能有更持久的动力。否则一旦热情减退，你就会陷入麻木的工作和生活中。

"选择"的课题，是一个远古的争论，大多数的专家学者都同意根据自己的爱好去选择自己的学业和职业。那么当你做出了选择，你就必须学会牺牲一些东西。有舍才有得，选择，就是一个舍得的过程。人的精力是有限的，人生总有一些遗憾，这些遗憾就表现在，如果你选择了自己有热情的职业，就必须暂时放弃其他你也有兴趣的东西，专门去做你选择的职业。当一些最基本、枯燥、乏味的技巧折磨你时，你要做的就是坚持，继续喜欢它，绝不放弃。很多学音乐的人都知道，那些枯燥的音符、单调的技巧训练会把人逼疯；那些学绘画的人也知道，最初的素描练习、光和影的揣摩是最让人不耐烦的。很多人都有过退缩的念头，但只有保持原始的热情，不断坚持的人才可能成功。

这就是"喜欢你选择的"，一旦我们确定了自己的热情兴奋点，就要不断地坚持下去。在自己枯燥的工作中重新找到自己喜欢的东西，不断激发自己对于所选职业的新兴趣，同时，这也是在考验我们的忍耐力和智慧。每一项工作，都有它枯燥乏味的地方，只有不断找到自己对工作的新的兴奋点，才能够坚持下去，有所成就。

身处逆境，一位音乐老教授被派去铡草，和他同去的老教授们有的不久病逝了，有的愤而自杀了，只有他一直坚持着，并且回到了讲堂上，在新的讲堂上，他的技艺非但没有退步，反而有了很大的提升。学生们问他有什么秘诀，他回答说："因为我在铡草的时候，都是按照4／4拍的节拍进行的。"

成功的秘诀就在于坚持你所选择的。在老教授没有选择的余地时，他尚且能够找出自己在新工作中的兴奋点，何况是我们选择了自己最喜欢的职业呢？我们更有理由不断找出自己新的热情，去克服那些枯燥无聊的程序式的东西。你可能对某一行业有着持续的兴趣，但你也一定有厌倦自己的选择的时候，这时最重要的就是坚持下去，重新找到自己选择它的理由，不让自己的厌倦情绪毁掉自己多年的热情。

这就是对待工作应该有的积极的态度，永远热爱自己的工作，会让你更成功。当我们充满热情地去工作时就会发现自己无所不能，无论什么样的困难都不能阻挡我们。

我有一个推销保险的朋友，他的勇气我自愧不如。在还没有意识到保险必要性的农村推销保险是一件非常有挑战性的工作，但他很喜欢自己的工作，并且他每次向客户推销时，你都会觉得他推销的险种是最好的，最为客户着想的，最适合客户的。他总会花很长的时间去了解一个人的家庭状况，订出最适合客户的保险，然后推销给客户。如果一个人因为不理解他而拒绝他，他就会顺便向客户灌输理财的观念。我曾经问他有没有怀疑、厌倦过自己的工作，"当然，而且不止一次，"他说，"但我总能从我的工作中找到新的乐趣。比如，我去年刚刚为一个孩子上好保险，他就被小狗咬了。通常都是家长们带孩子去看病，然后来报销。但我那次刚好在现场，就和他的父母一起带他去了医院，孩子好了以后，他们对我万分感谢。我想我的工作就是为千家万户送去欢乐的，在他们遭受不幸的时候，同时给他们补偿。我为什么不能继续下去？有一瞬间，我突然意识到自己从事的工作是多么伟大，所以我不会接受任何人的拒绝，不会因为拒绝而懊恼，我要让更多的人看到保险给他们带来的实惠和保障。"

在这一刻我才明白，原来他是这样看待自己的工作的，而不是把它仅仅看成一种谋生的手段。一个如此热爱着自己工作的人，他怎么会不成功呢？

年轻的朋友们，这世上的职业千千万万，你只有选择自己最喜欢的，才能不断地坚持下去，你只有热爱自己所选择的，充满激情地去工作，才能获得成功。在面对人生的岔路口时，我们一定要坚持"选择你所喜欢的，喜欢你所选择的"。

第5章

不是忙碌就有收获，重要的是找到合适的方向

　　很多人整天忙忙碌碌，却达不到自己想要的结果，过不上自己想要的生活，这是因为他的忙碌没有价值，至少没有向着自己的目标而努力。"南辕北辙"的故事大家都知道，任何人都要尽量避免这种情况的发生。年轻人可能会多次走错路，但这都没有关系，只要你在那条路上走得还不太远，都可以选择回头。忙而有顾，希望大家在忙碌的时候，能够抬头思考一下自己选择的路是否正确，是否适合自己。

忙而不乏味：让自己的职业与兴趣结合

年轻人总喜欢使自己处在忙碌的状态，认为这样就可以证明自己在重要的岗位上，有一种到处被需要的感觉。忙碌的状态没有错，但一定要忙而有目标，一定要向着一定的方向努力、忙碌，否则，就容易陷入茫然，陷入生活的迷雾；忙碌没有错，但一定要忙而有顾，要围绕着自己的兴趣爱好选择自己的职业。

在日常工作中，能够从事自己最喜欢的事业，是一种幸运。有人说："要爱你所做的工作。"这并不错，如果自己本来并不喜欢某个职业，却只能无奈地从事这个职业，那爱你所选就是一种无奈的安慰。这难免有些勉强。当然，最好的状态就是因为喜欢所以选择，并且因为选择了而更加喜欢。

一个人能够为自己喜欢的事业做点事情，那种感觉是很幸福的；如果在自己喜欢的职业上取得了成功，就会更加满足。围绕自己的兴趣爱好选择职业，可以让人生减少很多遗憾。一个人对一个行业感兴趣，如果始终没有进入这个行业，无论多么成功，他也总会有一点遗憾。

李嘉诚曾经说过这样一段话："对我自己来说，我曾经经历过几个不为人知的夜晚。其实，我并不喜欢做生意。我在1950年开始做生意时，我是准备用三四年时间让这个公司成功，然后就把这个公司卖掉，然后拿卖公司的钱再到学校去读书。我父亲、祖父、曾祖父都离不开教育，他们都是读书人。因为战争和贫穷，我到中国香港无法读书，但我10岁时已念到初中了，我小时候还是喜欢念书的。我以为经营几年公司之后还可以再去念书，但是我需负担整个家庭。后来，发生了一个意外，生意伙伴亏了钱，所以我不得不继续做下去。"

由此可见，即使成功如李嘉诚者，也会觉得有遗憾。原因就在于他没有能够在自己喜欢的、感兴趣的领域做过事情。当然，后来他捐建了许多中学、大学、图书馆等来弥补自己的遗憾。如果李嘉诚真的在教育方面发展过，可能他并不那么成功，但他肯定会更愉悦。

每一个领域，进入一个阶段以后都会变得枯燥乏味，而人们凭借什么才可以熬过这个阶段？有人靠毅力，有人靠兴趣……当然，靠兴趣熬过这个阶段肯定要容易得多。因为，好奇前面还有怎样的奇景，并且自己对这个领域是衷心热爱着的，这样的情感可以帮助你更容易克服枯燥的感觉；而如果真的凭毅力，那将十分难熬。一个人肯定会对自己喜欢的，并已经选择了的职业更加投入，也许这就是所谓的负责吧。

30岁之前，一定要找到自己真正感兴趣的职业。当然，每一个人的兴趣都是广泛的，但是你不可能有接触所有兴趣的机会，至多有两三个机会可供选择。因此，找出你衷心热爱着的，而又在这方面有一技之长的职业，并专心地做下去，最终才可能获得成功。

在日常工作中，当一方面忙着自己不知道是否喜欢的工作，另一方面却想着自己喜欢的职业是什么样子的，那么你的工作专注度就会受到很大的影响。与其将来一边想着工作，一边想着如果当初我选择了……不如在就职前做好慎重的选择，或者多从事几项职业，找出自己最喜欢、最感兴趣的。

大家还记得"南辕北辙"的故事吗？在一个不正确的道路上越前进，跑得越快，目标就会离你越远。弄清楚哪条道路才是达到自己终极目标的道路，弄清楚哪条路对于自己来说才是正确的路，对一个人至关重要。年轻人可能会多次走错路，但这都没有关系，只要你在那条路上走得还不太远，都可以选择回头。忙而有顾，这个"顾"就是希望大家在忙碌的时候，能够抬头思考一下自己选择的路是否正确，是否适合自己。

哪些可以作为职业，哪些仅可以当作业余爱好，每个人都应该有自己的判断。走在那些可以走得很远、很坚决，而又能够满足自己兴趣的道路上，你才可能一路开心，也才可能有所成就。

忙也要会思考：认清自己想要的是什么

成熟的忙碌状态，应该是一边忙碌一边思考，而不应该像无头苍蝇那样，到处乱飞乱撞。古人讲究"学而有思，思而有创"，其实无论做什么事，一边忙碌一边思考，或者用思考指导行动，才是正确的方式。做事不能机械，选择人生更不能盲目乱撞，一定要真正清楚自己想要的到底是什么。只有这样，才能有所思，也才能有所为。

年轻人要善于思考，才能在思考中找到方向，得到长进，而那些未经过思考就做出的决定一定是最不理智的。不要整天忙于庸庸碌碌的事情，一定要抽出时间思考。决定前，要思考怎样做对自己最有利；决定后，要思考怎样落实才能最快、最有创意；实施过程中，还要不断思考怎样才可以省心、省力、省时间。总之，思考应该成为年轻人的常态。

"忙"是实践，"思"是指导，正如人们常说的："多经一事，多长一智。"忙的时候，也是增长智力的好时机。但如果仅仅是做事、忙碌，而不屑于思考，恐怕也难有大的长进。我们要重视实践，也要注重对实践过程和结果的反思，因为只有一边实践一边反思，才能更多地掌握规律、积累经验。在事业的转折点上，尤其如此。当不知道自己到底想要什么的时候，我们常常会做无用功。有一个或多个明确的目标，可以让我们的前进方向更明朗，让我们少走弯路。

现在就想一想什么是你想要的成功？什么是你想要的人生？金钱，地位，名声？这些都是工具，或是载体，你到底需要什么？美国社会心理学家马斯洛曾经提出"需要层次论"，把人生的需求按照重要性和层次性排成一定的次序，分别为生理需求、安全需求、社会需求、尊重需求及自我实现需求5个方面。虽然，这里没有必要详细解释每一个方面究竟是什么意思，但你要在这5类当中选择出自己希望的理想状态。比如，你希望自己处于一个怎样的生存状态？是只要满足最基本的物质需求就可以了，还是希望得到更高的享受？很多成功人士，他们对于生存的需求可以说是很简单的，甚至是很朴素的。因为，没有人可以在这5个方面得到完全的满足。比如，孟子所说的"舍生而取义"，就是满足了自己被尊重的需求，而舍弃了生存。

明白自己想要什么，你就会对自己想要怎样的生活有了一个大致的概念。比如，你想要成功，不计一切手段，那就是说你必须舍弃一些享受；你想要趁着年轻享受生命，享受一切美好的东西，可能就意味着你要暂时舍弃很多东西。

懂得自己想要什么，懂得自己必须因此而舍弃什么，对于年轻人来说是非常重要的。因为，这是你最终的目标。如果从没想过到哪里去，你就不会知道哪条路是对的，也就无所谓达成目标，也就没有成就感了。

现在必须想一想自己真正想要的到底是什么。当然，不同的人生阶段有不同的需求。弄清楚自己目前阶段最需要的，可以帮我们更有目的、更明确地做事。我们必须想清楚，成功对于自己意味着什么。是数不清的财富？是我们心灵能够靠自己的能力完成一件事情的满足感？是人们羡慕、信任的目光？还是一个幸福的小家？

只有把自己的需要具体化、视觉化，才能让自己在前进的过程中不被迷惑，不走弯路。同时，我们还要想清楚怎样做才能获得更多的技巧，并且运用怎样的技巧，才可以把想做的事变得更加简单、明晰。在思考和实践的过程中不断增加智慧，然后用智慧去指导自己的行为，这才是忙碌的正常状态。

一个成熟的人，应该在忙碌之前，想清楚自己为什么而忙碌；在忙碌的过程中，想清楚怎样才能让自己变得不那么忙碌。忙碌中的思考，最有利于提高我们的谋划、驾驭及应变能力。年轻人应该做到忙而有思，不能碌碌无为。

忙也要有点成效：忙要忙在点子上

一个人如果忙在点子上，就会很容易看出效果；如果总是忙不到点子上，就会看起来很忙碌，却没有一点成效。每个人的时间和精力都是有限的，如果总是在处理那些可做可不做的事，就看不到自己的成绩。正所谓"好钢用在刀刃上，好活忙在点子上"。

比如，做菜。如果你一直在忙着洗菜、切菜，即使你洗切得再好，菜不是你做出来的，功劳也不归你。五星级大饭店的大厨，只做最挑剔客人点的几道重点菜，却是后厨最不可缺少的人。由此可见，功劳最大的人一定不是那些最忙碌的人，而是那些平时看起来并不忙，关键时候能够出得上力的人。

小丽在超市做推销工作，平时除了推销之外，她与几个同事还要负责清扫、配货及搬货等工作。小丽不擅长处理这些杂事，但是她善于推销商品，于是总是站在离门口最近的地方等待顾客；然而，她的同事们不情愿和顾客打交道，只得做那些杂务。每到月底，小丽总是能拿到最多的薪酬。同事们心有抱怨，向老板告发她不做杂务。小丽也觉得不好意思，只得要求老板取消自己的底薪，只凭提成拿薪水。即使这样，小丽的薪水仍然高于周围的同事。不久，小丽就做了超市的店长。

由此可见，一个人有没有成就，有没有功劳，绝对不是根据他的忙碌程度来计算的。有人喜欢说："没有功劳，也有苦劳。"这种观点是不正确的。因为，在现实社会中，没有功劳就等于没有一切，而不管你有多辛苦、多忙。

怎样让自己忙到点子上呢？那就要看你所在的部门最重要的事情是什么，或者每天都有哪些重要任务，而不要在无关紧要的事情上多耽误时间。当然，一个刚刚进入公司的年轻人，大家可能不会把重要的事交给他，在做好做完美那些"所有人都能干好的事"之后，不妨看看周围的人都在做什么，不妨向领导汇报一下自己的工作和想法，看看自己还能做哪些事情，或者想一想公司最近有什么动向、有什么决策，主动争取一些任务等。如果你在业务部门工作，那就明确多了，因为你的终极任务就是争取更多的订单，推销出更多的产品，或者把自己的公司介绍给更多的顾客。

一个人是否忙到点子上，不是看他是否做好"分内的事"，而是看他在"分内的事"之外，还做了多少。在日常工作中，没有人能够明确地告诉你到底要做什么，而只会告诉你把一件事做好，或者去做另一件事，至于做到什么程度，谁都不可能规定。很多时候，有些人忙是因为别人把不是他分内的工作都推给了他，使他分身乏术。这时，想要忙到点子上，显然是不可能的。

年轻人肯定会遇到这样的事，同事拜托你的事可以拒绝，如果是领导让你做的呢？那真的会让你忙得焦头烂额，与其这样，不如工作只做一半。比如，领导让你做某个案例，你只要拟订好大概计划或提纲，并做出重点提醒别人就足够了。具体的事你可以说自己分内的事情还没有做完，而把余下的环节留给领导，或者交给有时间的人去做，再或者交给你目前正在带的新人。这样并不为难，既锻炼了自己的能力，又不会让自己消耗过多的精力在繁杂的事务上。

其他的事情也是这样，不仅仅是工作，家庭中的事务也一样，你不可能每天抽出时间大扫除，也不可能每天都有心情请客吃饭或者浪漫一番。做到点子上至关重要，打一个电话只需要花15分钟，可把这15分钟用到哪里效果是不一样的。用于和恋人情意绵绵，她只会觉得你在敷衍——有时间不如约出来一起吃顿饭；用于和客户聊天，他会觉得你不尊重他——你应该在工作时间上门拜访；用于和爸妈聊天，他们会感觉很幸福——孩子这么忙居然抽出时间打电话，亲人会非常感动。

每天写几行文字，你会变得丰厚；每天做几分钟运动，你会变得更健康；每天多思考一小时，你会变得更成功。时间用在哪里，你的收获就在哪里。我们要学会把时间用在能够积累自己，让自己变得更丰厚的地方。

忙也要有章法：有理可依、有据可查

忙而不乱，就需要有章法，需要有流程。为什么要按照流程做事？除了能够不让事情显得混乱以外，还能够让我们少出错，即使出了错，也能以最快的速度找出漏洞，并弥补好。繁星动而不乱，百舸争流而不塞，皆因有章法、有顺序。

年轻人做事常常做不到这一点，他们喜欢随心所欲地做事，想做什么就做什么，甚至不按照领导的吩咐做事。往往在领导向他要案子时，他才想起来案子刚刚做了一半。于是，放下手头的事情，开始忙未完成的案子。忙完一件事，另一件事又接踵而至，于是总是忙得焦头烂额。这样做事，既不容易出成绩，又容易给人造成随性、邋遢、能力不足、难成大事的印象，对你的职场生涯极为不利。

想要让自己表现得井井有条，做事明快果断、利落，不拖泥带水，就要养成按照流程办事的习惯。首先，要学会制订计划，每个人每天都有忙不完的事情，而这些事情不可能在一天内全部完成，一份详细的计划，是让事情按照自己的意愿进行的前提。

做计划也要讲究方法。当领导交给你一项任务时，你首先要弄清楚，这件事情的最后期限，在之前的一两天就把整件事情办好交给领导。然后，衡量这件事情大概要进行多长时间，把每天的工作量都安排出来，按照事情的重要程度安排到最适合的日程表上，当然其中可能因为流程而拖延的时间也要计算在内。比如，很多单位星期六是不办公的，如果忘了计算这一点，就很有可能造成被动。

计算好整体的安排以后，还要对自己每天安排多少工作量、事情的先后顺序有一个基本的安排。对于年轻人来说，最大的浪费就是因为繁乱而造成的时间浪费。很多事情人们归结为"忙中出错"，其实都是因为没有按照流程做事而导致漏洞，最后漏洞越来越大，以致造成不可避免的损失。

曾经有过一个银行存款失窃案，其原因不过是银行的操作员在存款开户时，客户手续不全，缺少单位的税务登记证和机构代码，也没有单位负责人的授权委托书，但因为是银行行长的弟弟带来的，所以没有按照流程操作，违规开户。最终，让不法之徒有机可乘，造成了客户1500万元的损失。

当然，其中还有很多细节问题，比如客户资料没有妥善保管、违规对账等，导致了一个无法收拾的局面。一个国有大银行，居然在如此多的地方存在着管理漏洞，仅仅因为"人情"二字，就给客户造成了如此大的损失，令客户寒心。可此事会对这家银行的信誉造成怎样的影响，潜在中又失去了多少客户，这就是不好计算的了。

30岁以前从事的事情，可能没有那么至关重要，如果不照章办事，轻则让事情杂乱无章、没有眉目，重则会让自己无意中犯下重大的错误。没有一个人会不犯错误，尤其当一个人凭感觉做事的时候。每一个企业的规章制度，每一个行业建立的流程，都有它的合理性，是经过前人千锤百炼才总结出来的管理理论，是经过无数次的整合和实践才总结出来的行之有效的方法。下面就以看似简单的流水线作业来说明。

20世纪初，在福特汽车公司内，专业化分工非常细，仅一个生产单元的工序就多达7882种。福特通过反复实验，确定了一条装配线上所需的工人数目，以及每道工序之间的距离。这些都是通过最精确的数字计算和反复实践的结果，打乱一个小细节，整个流水线就会瘫痪。

做事情如果随心所欲，在平时可能仅有点忙碌，手足无措。可是，一旦到了真正需要相互配合、严丝合缝地协调工作时，这种杂乱无章的状态就会造成严重的后果。所以，忙也要有章有序，从现在开始，分析造成混乱的原因，通过科学的方法，来调整混乱的状态，从而高效地工作吧。

忙而有序：把重要的事放在第一位

做事情只有忙而有序，才能有张有弛从容不迫。面对繁杂的事务，一定要制订计划，分出轻重缓急，逐一落实，这就要用到一个重要工具——日程表。日程表是一个成熟的职场人士必不可少的东西，有了它，我们甚至可以把自己的每一秒钟都充分利用起来；有了它，我们可以安排最重要、最繁复的事情，在自己精力最充沛的时间段来做；有了它，我们的做事效率能够提高很多。

每个人每天都要处理很多事情，有的事情需要马上去做；有的事情需要慢慢地做；有的事情很简单，只要5分钟就可以完成；有的事情需要花费一个上午的时间才能处理好。那么如何来安排各类事务呢？下面的事例是很好的借鉴。

美国某汽车公司总裁莫瑞要求秘书给他呈递的文件，要放在颜色不同的公文夹中。红色的代表特急，绿色的要立即批阅，橘色的代表这是今天必须注意的文件，黄色的则表示必须在一周内批阅的文件，白色的表示周末时必须批阅，黑色的则表示是必须他签名的文件。

如果你也能够给自己做一个计划表，把一段时间内，比如一天内需要做的事情计划出来，然后合理安排一段时间来做某件事，事情会进行得有条不紊，处理事务的效率想必也会大大提高。首先要把每天需要做的事情都写下来，然后根据事情的重要程度和紧急程度分类。具体分类方法如下。

（1）紧急但并不很重要的事情。这类事情很紧急，往往刚一上班领导就在催促，但是其重要部分已经完成，只剩下了如签字或复核之类比较简单的事情，而你首先要处理的就是这一部分内容。因为，从悠闲状态进入紧张忙碌的状态，都是需要一个过程的，如果这时做重要的决定，往往会比较草率。做一些紧急的、简单的工作对于你来说相当于运动前的热身，是有很大必要的。

（2）重要且紧急的事情。这类事情对你来说是最重要的，而且是当务之急，只有迅速解决完，才能顺利进行其他工作。这种事情紧急而重要，你必须把它们处理好，不能再拖延。这样的事情应该在热身完后立即处理，因为这时你已经进入了工作状态，精力是最旺盛的，注意力是高度集中的，思路清晰，思考速度也很快，把紧急而重要的事情，放在这个阶段做，会既谨慎周密，又快捷高效。

（3）重要但不紧急的事情。总有一些事情是不紧急的，但它关系到你的长远发展，而且它需要你日复一日地慢慢去积累、去做。因为，它们没有规定的期限，或者期限比较远，没有人催促，你可能就会一直拖延。这些事应该放到时间充裕的下午去做。因为，处理这类事情并不需要花费很大的精力和很高的注意力，所以用下午时间来处理这样的事务再适合不过了。

（4）不紧急也不重要的事情。总有一些这样的事，根本不需要处理，随着时间的流逝，这件事情就没有意义了；或者不需要即时处理，只要在闲暇时间顺便进行即可。比如，浏览报纸的娱乐板块、整理书桌、做准备工作等。这些小事情，只要在喝水休息的时候，顺便做一下就会做得很好，而没有必要为这种小事单独安排时间。

（5）意外发生的事。每天都难免要处理一些意外的突发状况，它会打乱你的日程表，花费很多精力和时间。如果意外状况没有紧急重要到必须马上处理，那么在你的工作进展到一定阶段后再处理它是最好的。如果比较紧急，也比较简单，就需要马上处理，然后回到工作状态才是最好的方法。总而言之，要视意外的紧急程度和复杂程度而定。

每个人每天都有很多必须要处理的事情，把事情分出轻重缓急，用全部的精力和黄金时间应付那些最重要的事情，才能提高你的工作效率。这样才能做到忙而有序、有张有弛，或许还能忙中偷闲呢！

忙而有效：做事果断、善始善终

很多年轻人虽然整天都在忙碌，却看不到一点效果，看不到一点成就。事情做到一半，或者仅仅有计划，而没有行动、没有落实，效果就等同于没做。做事最怕有头无尾，有决策而没有落到实处，没有人会在意你在工作的过程中付出多少辛苦，或者有了多大的进展，他们要看的是你的成绩。因此，所有的老板都会告诉你："我不需要了解过程，我只看结果。"就算你有一千个计划、一万个正在进行的行动，也不如有一件落到实处的事。只有真正掌握在手里的才是财富，只有真正做完的事情才是功绩。对于个人来说，最艰难的时刻就是那些决定的时刻，因为人很容易逃避现实，明知怎样做才是正确的，偏偏下不了决心。

每件事情，你不可能在做之前就做好了完全的准备，所以你要担心的并不是出了问题怎么办，而是决定是否要做，以及怎样做。出现问题、矛盾并不可怕，可怕的是你不去解决它，它就会成为你的心事。

很多年轻人之所以一直忙碌而没有结果，就是匚为他们不能下定决心要做这件事，他们总是在左右摇摆、犹豫不决，于是很多事情就搁置了。一件事情总是在等待解决的办法，对于事情的进展没有任何好处，还会不断消耗你的精力。因为，你每考虑一次这件事，就要把所有各个方面的事情都考虑一遍。

逃避不能解决任何问题，唯一能解决问题的方法就是下定决心，一定要去做。至于怎样做，则是"车到山前必有路"的问题了。

还有一部分年轻人之所以忙而无果，是因为他们总是在决定之后没有落实，或者做事情半途而废，结果导致很多事情有头无尾；或者同时推进几个项目，但因为精力有限，导致事情后继无力，最终只得不了了之。这样的事情可能每个人都做过，如果继续这样做下去，你会发现虽然自己每天都在忙碌，事情却没有一点眉目。

想要忙有所得、忙有所获，就必须要摆脱总在进度当中的状态，要让每一天都有收获，每一件事情都有一个限制期限。做好了决定，就一定要立刻行动，不能拖沓，更不能半途而废，并且要做到这件事情有一个最终结果。当然，事情并不一定是耽误在自己手里，可能别人也会拖沓，也会不把事情落到实处，这就要有坚持的精神，看不到成果就要一直追查、追问，紧盯不放，直到有结果。

做一千件半途而废的事，不如做一件完完整整的事情。做事的过程中不要找任何借口来推脱，因为成功者只找途径，失败者才会找借口。如果能够做到这一点，你就是一个好的执行者，一般的年轻人在公司都处在执行者的位置，执行力是唯一能够自傲的地方，是唯一能够表现自己的地方，如果连执行也做不好，何况是决策呢？

　　面对领导交代的事情，成熟的年轻人只能回答"好，我马上去做"和"是，我一定尽力做好"这两句话，而不能有考虑、推诿的借口和理由，只有这样才能做到忙而有效、有成就、有收获。

第6章

理清思路找到出路，别甘心成为大多数

美国著名成功学大师皮鲁克斯有一句名言："先人一步者，总能获得主动，占有利地位。"在这个竞争激烈的社会，一个人想要成功就要走出自己的路，敢为天下先。在成长的路上一旦觉察到先机，就应该立刻行动起来，占领先机，走在人先。最终，才能在别人前面获得决定性的胜利，才能让理想变为可能！

按图索骥画不出精彩人生

二十几岁的年轻人正值人生的花样年华，也是思维最活跃的时期，不应该墨守成规，毫无朝气。

"物竞天择，适者生存"，这是不变的真理，当今社会瞬息万变，年轻人是否能拥有别样的人生，是否能成为走在时代前端的弄潮儿，就在于是否能打破世俗思维的枷锁，走出自己的一条路，按图索骥画不出精彩人生。

思维有一定的技巧性，思考每个人都会，可是为什么对于同一件事每个人的思考结果却大相径庭，这是因为思维技巧不同。很多人总是固守常规思维，却解决不了问题，这时，聪明的人就会迷途知返，适时地转换思考方式，另辟蹊径。

有一家大公司的董事长即将退休，他想物色一位才智过人的接班人。经过一段时间的观察，他最后挑出了两位人选——约翰和吉米。因为他们都很精通骑术，老董事长便邀请两位候选人到他的农场做客。当他们到来时，老董事长牵着两匹同样好的马走了出来，说："我知道你们二人都很善于骑马，这有两匹很好的马，我要你们比赛一下，胜利者将成为我的接班人。"

他把白马交给了约翰，把黑马交给了吉米。这时，老董事长开始宣布比赛的规则："我要你们从这儿骑马跑到农场的那一边，再跑回来。谁的马跑得慢，也就是后到达目的地，谁就是胜利者。"

听了这话，约翰突然灵机一动，迅速跳上了吉米的黑马，然后快马加鞭地向前急驰而去。他自己的马却留在了原地。吉米感到约翰的举动很奇怪："咦！他怎么骑了我的马呢？"当他终于想通了是怎么一回事时，已经太晚了。他的黑马遥遥领先，无论怎样追也追不上了。

结果，吉米的马最先到达终点，他输了。

老董事长高兴地对约翰说："你可以想出有效的创新办法，能出奇制胜，证明你有足够的才智来接替我的位置，我宣布，你就是下一任董事长了！"

其实，人的智商是没有多大差别的，关键在于谁能更好地运用自己的思维，谁能将问题转换到另一个角度。会思考的人才是最终的赢家，故事中的约翰就是个善于打破常规思维的人，他用逆向思维赢了吉米。

思维的改变往往会带来与众不同的结果，这远比固守常规思维，导致钻进死胡同的状况要好得多。而很多年轻人，总是把想法停留在一个点上，而忽略了其他的点。他认为这是前人走过的路、做过的事，既然成功了，这就是正确的，殊不知，世界在变，生活在变，思维也应该跟着改变。很多时候，只要转换一下思考问题的角度，事情的解决就会变得轻松自如。

有一位才华横溢的年轻画家，早年在巴黎闯荡时一直默默无闻、一贫如洗，一张画也卖不出去。因为巴黎画店的老板只寄卖名人的作品，这位年轻的画家根本没有机会让自己的画进入画店出售。

但是，这一天画店来了一位顾客，向老板热切地询问有没有那位年轻画家的画。画店老板拿不出来，最后只能遗憾地看着顾客满脸失望地离去。

在此后的一个多月里，不断有顾客来店里询问是否有那位年轻画家的画。画店的老板开始为自己的过失感到后悔，并且渴望再次见到那位如此"有名"的画家。

就在老板十分焦急之时，这位年轻画家出现在了画店老板的面前，他成功地拍卖了自己的作品，并因此一夜成名。

原来，当这位画家兜里只剩下十几枚银币时，他想出了一个聪明的方法：他用钱雇用了几个大学生，让他们每天去巴黎的大小画店四处观看，每人在临走时都询问画店的老板：有没有这位画家的画？哪里可以买到他的画？

这个充满智慧的年轻画家便是毕加索。

毕加索不仅是个天才艺术家，从这件事上，可以看出他也是个智者，改变命运就应该从改变自己的思维方式开始，他用了一个小小的计谋，开启了自己成功的第一步。或许很多人在遇到毕加索这样的情况时，会怀疑自己的能力，却不懂得运用思维推销自己，因此即使他们才华横溢，也终将被埋没。

朝气蓬勃的年轻朋友们，让你们的思维和你们的年龄一样富有朝气吧，不要按图索骥，应打破常规。思想是行动的领导者，精彩的想法才能创造精彩人生！

让思想无限接近零缺陷

成功者的共同特点，就是能心思缜密，能够抓住整个事件的一些细小环节，清除思想中的死角。

托尔斯泰曾说过："一个人的价值不是以数量而是以他的深度来衡量的。"

生活中很多年轻人考虑事情总是欠周全，做事又马虎了事，于是只能让事情草草解决。思维决定行动，更决定了习惯，长期的思维不严密，会让年轻人养成一种做事懒散、不严谨的作风。年轻人要杜绝"差不多、几乎、大约"等想法，因为这些往往是"差不多先生"的常用词，是毁坏整件事的蛀虫。

有时候，从思维的小处着手，往往能化腐朽为神奇，做到不可能做到的事。

从前，有个商人到一个市镇做买卖，身上带了不少金币，可那时又没有银行，走到哪带到哪，又重又不方便，还很不安全。于是，他一个人悄悄来到一个僻静之处，瞧瞧四周无人，就在地里挖了一个洞，把钱埋藏起来。

　　可是，第二天钱就不见了。他没有慌乱，而是慢慢地回忆，昨天确实没有人看到自己埋藏金币，它为什么会不见了呢？就在这时，他无意中发现远处有一间房子，房子的墙上有个洞，正对着他埋钱的地方。他突然想到，会不会是这房子里的人，从墙洞里看见自己埋钱，然后才挖走的呢？

　　于是，他打定主意，来拜访房子的主人："你住在城市里，头脑一定灵活。现在我有一件事要请教，不知行不行？"那人一口答应道："请说。"商人接着说："我是外乡人，特地到这里来办货，身上带两个钱包，一个放了500个金币，另一个放了800个金币。我已把小钱包悄悄埋在没人知道的地方。但是这个大钱包怎么办呢？是埋起来还是交给能够信任的人保管呢？"

　　房子的主人发现此人正是昨日埋钱的那位商人，于是贪心地对他说："什么人都不要信任，把大钱包同小钱包埋在一个地方最安全。"等商人一走，这个人为了不让商人发现自己的钱已被偷走，马上拿出挖来的钱包，又埋在原来的地方。这下可把躲藏在附近的商人高兴坏了，等那人一走，他马上将钱袋挖了出来，500个金币一个不少地回到了他的手里。

　　商人的想法着实很高明，让本来被人偷走的金币失而复得，他正是从思维的细密处着手，他看透了对方贪得无厌的心理，从而将计就计，让对方上了"当"。而对于一般人来说，在遇到这种情况的时候，考虑的就是如何直接去索取，那么事情的解决可能就不那么如意了。

很多年轻人都有美好的理想和改变命运的渴望，有远大的抱负和飞黄腾达的梦想，可是理想的实现如果没有周密的计划，就变成无法实现的梦想。很多年轻人一腔热血，为了实现自己的理想付出了艰辛的努力，投入了大量的身心资本，可往往因为一个没有预想到的意外，一切便化为乌有，不得不令人扼腕叹息。所以，只有让思维无限接近零缺陷，尽量减少思维漏洞，才能给自己增添一个成功的砝码。

2007年年底，何炜不得不放弃苦心经营两年的"娱乐网"。在投入40万元后，何炜没有赚到一分钱。

何炜毕业于一所名牌大学计算机系，2005年5月，正是大三下学期，课程不多，他便邀两位好友成立了一家网络技术有限公司。公司有两块业务，一是帮其他公司建设网站，二是创建"娱乐网"——专为年轻人的吃喝玩乐提供点子。公司投入十几万元，他用父母给的钱投资了三四万元。

何炜的想法很简单，利用"娱乐网"与一家时尚杂志合作，在杂志上开辟专栏，并联手推出广告"买一送一"，即买纸质广告送网络广告，希望能快速做出影响力。让何炜没想到的是，实际操作中却是困难重重，本来他们的主攻方向是特色小店，可是这些店铺既没有做广告的需求，也没有这个能力。

2007年最末一个周日的傍晚，何炜亲手拔掉"娱乐网"服务器最后一根电源。对他来说，"娱乐网"就像是他的第一个

"孩子"，那份珍贵无与伦比。但是，他也知道，如果再坚持就意味着更多的损失，"伤其十指不如断其一指"，只好含泪关掉。何炜说自己是"壮志未酬身先死"。

一个年轻人的创业梦就这么破灭了。其实，创办这样的网站，时机是对的，但是缺乏周密的计划，没有做充分的市场调研分析，没有构建必需的营销团队，更没有找到赢利点。一切皆因为没有缜密的思维而失败了。

像何炜这样因为计划不周全而创业失败的毕业生在现实生活中屡见不鲜，抱着美好的创业梦，他们放弃了毕业后找工作的一贯思路，决心靠自己的力量闯出一片天地。可是他们欠缺足够的社会经验，思考问题总是加入一些不切实际的因素，像这样不经过合理缜密的规划，必然导致失败。

二十几岁的青春年华，正是憧憬美好理想之时，每个年轻人都希望自己能在追求成功的路上少点坎坷，多些成功，而这就需要缜密的、成熟的思维，让思维无限接近零缺陷，才能让理想变为可能！

别总跟"志趣相投"的朋友一起

当我们结交朋友时，首先想到的便是志趣相投。很多二十几岁的年轻人总喜欢跟熟悉的朋友玩，不愿结交其他领域的朋友，因为觉得只有自己熟悉的朋友才更有安全感。还有些年轻人不愿跳出自己的社交圈子结交新的朋友，也不愿结交比自己能力强的朋友，他们只把自己的上司、客户当成利益关系的载体，却从来没有想过，他们也可以成为自己的朋友，也是自己应该致力结交的。

固然，我们的朋友大都志趣相投，但这并不意味着志趣不一样的人就不能成为朋友。

朋友分为知心、知音、浅交、点头之交等几大类。

有的朋友来找你只不过是要和你谈论一个他学术上遇到的难题，或者冷门话题，当你还没想明白时，他就忽然警醒，匆匆离去。有的朋友，虽然你们经常一起吃喝玩乐，但有了困难，你第一个想到的并不是他，而可能是那个跟你只有点头之交的朋友，不只因为只有他有能力帮助你，而且你知道他绝不会找借口推托。有的朋友，我们会大半夜打电话给他，只不过想听听他的声音，因为他是你心灵的支柱。

为什么我们需要各种不同的朋友呢？因为我们在各方面有不同的需要。第一，我们需要有朋友和我们进行精神上的交流，我们就要有知己，来满足我们的精神需要。第二，我们有生活的需要，这时候找知己来似乎又不那么有情趣，所以我们要有"酒肉"朋友。第三，我们需要在困难的时候有人相助，这时候"酒肉"朋友和知音似乎又无能为力，所以我们还要有"互利"的朋友，肯帮助自己的朋友。第四，我们需要有朋友向我们提供各种不同的信息，我们就需要那些只有一面之缘的浅交。第五，我们有工作上的需要，这时与那些和你同行业的人交流，就变成了一件重要的事。尽管各种朋友之间交情的深浅不一样，需要他们的场合、情况也不一样，但每个人都要有这样几类朋友，才能让你的生活无忧，不至于在需要朋友帮忙的时候，找不到合适的人选。

大多数人对于朋友的定义都是很狭隘的，认为朋友就是那些志趣相投的人。这样的定义不够广泛，你的朋友也不会很多，而你看到的世界，也只是你眼中的世界，因为朋友的眼界和你是一样宽的。有些朋友，虽然和你志趣不相投，但他的眼界高，或者从事不同的行业，所以经常带给你不同的信息，开阔你的眼界，这样的朋友，我们要致力结交；有的朋友，虽然和你志向不同，但正因为他不了解你的行业，所以可以提出不同的想法，不断地给你启发，这样的朋友，我们也要致力结交。在工作交流这方面，尽管相同的行业可以有更多交流，但也就限制了你的思维。因为大多数同行都有固定的思维模式，反而是那些志趣不同的朋友可以给你更多的启发，更能拓宽你的视野。行业不同的朋友，可以给你启发，性格不同的朋友可以弥补你性格中的缺陷。我的一位朋友告诉我，你知道为什么我性如烈火，却要和你这个性格温顺的朋友交往吗？因为当我焦急不安的时候，给你打个电话，你的声音就能够安慰我，使我觉得安稳并冷静下来。

　　二十几岁的年轻人，正处在事业的上升阶段，人际圈还不够广阔，还需要不同的人帮助，我们更需要的是能够赏识我们的伯乐，能够对我们的事业有更多助益的"贵人"，所以我们需要有多重意义上的朋友，而不只是知己。交往各种不同的朋友，在关键时刻都可以帮我们的忙。

　　我有一个朋友，交游甚广。他准备开一个网店，但他既不精通电脑，也不精通摄影，同样不精通商品介绍。如果这些都从"淘宝大学"学习，不但要花费不少钱，而且要浪费很多时间。他只请朋友们吃了顿饭，大家就打包票帮他把网店开起来。不久他装上了宽带，制好了模板，擅长摄影的朋友帮他拍好了照片并上传，小王则帮他写商品介绍。他的网店不几天就风风火火地开了起来，他还让朋友们抽空教他做各种事。当他的网店赢利的时候，每个朋友都得到了一件小礼物。

　　朋友的作用，不外乎帮助我们解决困难，或充实我们的内心。有些事，志趣相投的朋友可以帮我们，有些事，他们却无能为力。我们必须承认，每个人在各方面的能力是不同的，如果我们只结交志趣相投的朋友，就会束缚我们的志向和情趣。我们要交往比我们的志向更远大的朋友，他们会让我们的心胸更广阔；我们要交往那些比我们的情趣更高尚的朋友，他们会让我们的心灵更纯洁，让我们的生活更富有生机；我们要交往那些和我们的志趣不同的朋友，他们会让我们的生活更丰富多彩，知识面更广阔，眼光更长远。

　　年轻的朋友，你是不是有许多和你互补的朋友呢？相同的朋友，让你的世界更深邃，互补的朋友则让你的世界更完整。所以，多结交一些和你互补的朋友吧，他们会让你更快地接近成功。

·

时常拧一拧思想的发条

　　对于二十几岁的年轻人来说，活跃的思维是必不可少的，当今社会瞬息万变，每天升起的都是不同的太阳，昨天的思维或许就无法适应今天的现实。

　　威·赫兹里特说过："人的思想如一口钟，容易停摆，需要经常上紧发条。"同样的问题，在不同的情况下，类似的方法并不能解决。只有更新观念，才能与时俱进。

　　一个乞丐在行乞时遭到了一条狗的袭击，他十分恐惧，再次讨饭的时候，他捡了一块石头。然而这时他碰上了两条狗，于是他不得不捡了两块石头，然而他又遭到了一群狗的袭击，因此，他不得不背着一篓子石头去讨饭。后来他转换思维，只拿了一根木棍，就再也没有被狗咬了。

　　这则小故事对于年轻人来说，有很好的启示，由于某些因素的制约，我们似乎总是习惯用昨天的方式思考问题，用昨天的方法处理问题，长此以往，造成思想方法陈旧，效率低下。

假如我们更新观念，转换思维方式，天地就变得宽阔了。

　　一千个读者，就有一千个哈姆雷特，没有两个完全相同的人，也没有两件完全相同的事。他人身上发生的事不可能在第二个人身上复制，年轻人不能抱有幸运会重演的侥幸心理，这是一种不现实的思想，这种思维方式会让年轻人执拗于一种不可能实现的幻梦中，从而无法接近成功。

　　斯迪克毕业后正在准备找工作，一天，他在书上看见了这样一则故事：

　　有个很可怜的孩子，穷到吃不上饭的地步，可是他的心地很善良。一次，他母亲让他到一家银行门口卖别针，因为那里人流多，但是这个小男孩卖了一整天才赚到一块钱，正当他准备回家的时候，他发现马路对面有一位老人也在乞讨，便没多想就把身上的一块钱给了那位老人。恰好这一切被楼上的银行家看见了。他请小男孩好好地吃了一顿，还把小男孩收归门下。小男孩长大后，银行家让他做合伙人，把投资的一半利润分给他，并把女儿嫁给了他。于是，这个男孩顺理成章地继承了银行家的家产。

　　斯迪克觉得这个故事对他很有启发。于是，花了6个星期在一家银行的门口卖别针，他也给了乞丐很多钱，他期盼着哪个银行家会把自己叫进去。然而，根本没有出现银行家。终于有一天，一个西装笔挺的人从银行出来，朝着他走过来。可是那人却说："你别以为你在这儿装作卖别针，我就不知道你的企图，要是再让我看见你在这儿瞎溜达，我就放狗咬你！"

斯迪克的思维只是停滞在他看的那个故事中，认为那是个成功之道，然后抱着这种侥幸心理去等待。

可是他发现，自己并不是那个幸运的孩子，也不是每个银行都要找合伙人……即使这些都和故事中的一样，一个银行也不会用同一种方式找两个不同的合伙人。斯迪克的幻想是不现实的，原因就在于他不会用发展的思维看问题，而一味地因循守旧。

作为新时代的年轻人，要会用自己的思想来武装头脑，辩证法告诉我们，"世间没有绝对相同的事物"。所以，年轻人要学会更新自己的理念，以不变应万变，凭借足够的能力面对瞬息万变的社会，并获取成功！

依靠他人，永远不能成就杰出的自己

一个人想要有所作为，就要学会靠自己去成功，而依靠他人永远不会成就杰出的自己。一个人的工作可以让别人帮你做，饭总不能让别人帮你吃；实际动手的事可以聘请他人来帮助你，思考却没有人能够帮你；别人可以帮你管理，却不能代替你增长能力。一个人不仅要学会合理运用众人的智慧和劳动，还要学会靠自己来增长才干，靠自己去成功。

　　人们常说："在家靠父母，出门靠朋友。"可现实中，有几个人是靠朋友的施舍而生存的呢？说我们靠父母，倒是确有其事。不少年轻人，一出生就是家中唯一的"宝贝"，几乎所有的人生道路都是父母帮助铺好的，只要乖乖地在上面走就不会出现大的差错。不过，如果你想成为一个杰出的人，那么按照父母的安排去做事恐怕是远远不够的。

　　一个杰出的人首先要有自己独特的想法。这是别人无法帮你办到的，只有你自己在学习、实践的过程中，形成对世界、对人生的独特看法，才可能让自己的目光更深远，让自己的眼光更准确。然而，一个任人摆布的玩偶是不会有自己的想法的。

　　一个人想要成为杰出人士，就要不断地为之奋斗，而这种奋斗绝不是只依靠别人就能做到的。父母可以给你铺好路，但是他们铺就的道路绝大多数是他们认为对你最好的那条路，而不一定是适合你的。有自己的想法，清醒地知道自己将走哪条路的人，最终才会到达自己想要到的地方，而不是别人想要你到达的地方。

　　现在所能看到的那些成功人士，他们往往是经过自己一番艰苦卓绝的奋斗才获得了非凡的成就。松下电器的创始人松下幸之助，出身于贫民，既没有显赫的家世，也没有优越的人际关系，他的成功完全是自己一步一步打拼出来的。当美国生产的家用电器传到日本时，松下幸之助立即决定辞去原来有着固定收入的工作，和妻子两个人在没有资金和相关工作经验的情况下，着手创业。他的第一个产品是双插座接合器，制造工厂就在他家的客厅。就是靠着这样独自拼搏的精神，松下电器才在10年内成为日本电器行业的领导者，而松下幸之助也成为"卓越"的代名词。

在现实生活中，我们往往习惯于依靠他人。比如，不少女人希望嫁一个能力不凡的丈夫；不少男人希望得到贵人、伙伴的帮助；不少刚刚参加工作的年轻人希望得到一个天赐的机会。这些都无可厚非，能够依靠别人的力量和智慧去追求自己想要的东西本身也是一种能力。但是，依靠别人是不能够成就自己的，因为一旦这些人离开你，不再帮助你，你会发现自己寸步难行。与其陷入这样的尴尬境地，不如让自己成为一个被大家依靠和需要的人。

杰出的人懂得，只有掌握在自己手里的实力才是不会消失的，只有自己的人格魅力和品格不会背叛自己，只有自己的思想才是别人拿不走的，因此他们总是想方设法充实自己，成就自己，并依靠自己去成功。

靠在人堆里来寻找安全感是这个世界上风险最大的事情。虽然你不是自己在战斗，但别人也不可能代替你去战斗。想要成就杰出的自我，就要靠我们自己不断地独立思考，不断地充实自己，以使自己变得更加优秀。父母能替你铺路，却不能替你走路；老师能教你知识，却不能帮你把知识转化成智慧；别人能影响你的态度，却不能成就你的未来。

　　成熟的人懂得为自己的人生负责，懂得不依靠别人，懂得独立思考，更懂得走自己的路，因此他们总能比别人更加成功。

自我特色是赢得竞争的砝码

　　做自己永远比学别人更轻松，更容易得到他人的认可。每一个优秀的人的成功模式，都带着鲜明的个人色彩。当大家实力相当时，自我特色就成为一个人赢得竞争的砝码。

　　一个人的核心竞争力不是知识，也不是做事能力，而是那些别人学不到的地方，是只属于自己的品格和智慧。当一个优秀的人达到了一定程度以后，可能在人际关系上、技术上、管理方式上以及心理素质上都是旗鼓相当的，这时什么能决定一个人的胜败？特色，一个人的特色往往能决定他的命运，决定他最终是胜出还是被淘汰。

　　有的人凭着一往无前的拼搏精神和敢闯敢干的勇气来胜出；有的人凭着用不尽的激情和热情来胜出；有的人凭着冷静、严谨的分析来胜出；有的人凭着灵活而机智的头脑来胜出；有的人凭着决决大度来胜出；有的人凭着真诚守信来胜出。那么你想好了吗？你将凭着什么来胜出？什么特质将成为你的自我特色？

那些自身看来毫无特色的人，常常都是庸人，而一个杰出的人往往都有着强烈的自我特色。古今中外，无论哪个领域的杰出人士都是如此，比如李白潇洒自若，拥有仿佛谪仙的气度；杰克逊拥有无与伦比的舞台表现力；贝多芬拥有抗击命运的坚毅等。总而言之，一个人拥有自己的独特之处，拥有自己的特色，更容易被人们注意和发现，从而更容易在竞争中胜出。

年轻人不要轻视自己的特色，一定要着力培养自己本该有的特质。很多年轻人都推崇"中庸"之道，认为没有特色就是最大的特色。一个人做人尽管可以"低调""中庸"，但是做事应该有自己的特色，或者谨慎周密追求完美，或者眼光准确、决策迅速，或者雷厉风行、做事果断，而不应该畏惧别人的眼光，让自己成为一个毫无特别之处的人。

在这个世界上，要么是庸庸碌碌的凡人，要么是个性杰出的大师，我们应该宽容别人的特色，并培养自己的个性特色。

怎样培养自己的特色？应该从以下3个方面去实施。

（1）勤于思考。不同的思想是一个人有别于他人的根本。勤于思考的人，做事方法和思想深度往往都和别人不同。阅读是解读他人思想的一种方式，我们可以通过阅读看到别人的想法，看到更深远的世界。思考则是对自己内心的深入研究，也许通过一次阅读就能够引起自己心灵的共鸣，引发自己独特的思考。年轻人一定要勤于独立思考，遇到事情有自己的想法和思路，这样很快就会有自己独特的思想，从而形成自己的独特观点和做事方法。

（2）对于自己个性上的缺点，不要急于改正，而要看它对你所做的事情有没有积极的帮助。每个人的性格都有特别之处，对于那些缺点，不要一律否定，不要急于改正，一定要看它对你目前或将来的事业有没有阻碍、有没有帮助。因为，有时候缺点恰恰是成就自我的主要因素，比如李白潇洒不羁，却成就了他诗人的人生。

新东方的创始人俞敏洪性格温和，这使新东方在由小变大以及公司改革的过程中变得极其艰难。可这却让他更加明白这种温和的意义，"如果我以一种非常强硬的姿态出现在新东方人的面前，那么新东方早就散架了"。新东方的人都是知识分子，而知识分子最怕的是自尊心和尊严受到伤害，过于直截了当的语言是不能接受的，"（我的这种性格）算是一种黏合剂，因此大家感情上不会受到彻底的伤害。虽然互相伤害是有的，但是不会感到被彻底伤害。相反，如果我受到了彻底伤害，而我能经得住，那么这样就比较好办一点"。正是他这样看上去"温和"的性格对团队的团结起了很好的作用，使得新东方没有出现大的裂变，而是一直向前发展。这不仅仅是俞敏洪的一个特色，也是新东方的一个特色。

（3）敢于做独一无二的自己。一个人要想形成自己的特色，肯定会受到周围人的质疑。凡是有自己独特见解的人，最初都会受到怀疑甚至打击。越是有棱角的人，越是会受到更多的磨砺，而越是受到磨砺的人才会越杰出。要想形成自己的特色，要想自己的特色被人接受，就要能够接受别人的冷眼，并通过自己的不断努力来获得大家的认可。

在这个世界上，人类是最特别的存在，而人类的存在证明，用特色求竞争才能在竞争中生存。

第7章

树立你的目标，让自己拥有拼搏方向

20～30岁是一段可以做任何事情，也可以不用动脑筋做任何事情的美好时光。人生如逆水行舟，不进则退，维持现状不是一件容易的事情，只要再努力向前一步，至少不会落在人后。年轻人更应当尽早为自己生存得更好寻求变化，竖起触角，制定目标，并为了目标努力前行。有目标的人，言语、心态、行为多会和处于相同环境的人截然不同。不论你处于何种境地，"过好生活"的态度都不要有丝毫动摇，就如同不倒翁一样。要立业，先立志。确立远大的人生志向，为自己的人生找到明确的奋斗目标，这是一个人获得成功的根本。

有志向更有可能带来卓越的人生

　　人生志向也就是人生理想。我国古人很重视志向，诸葛亮在写给他外甥的一封信中说过："夫志当存高远……若志不强毅，意不慷慨，徒碌碌滞于俗，默默束于情，永窜伏于凡庸，不免于下流矣。"意思是说，做人应该有远大的理想和志气，如果意志不坚强，心胸不开阔，整天忙于身边的生活琐事，受个人感情的支配和束缚，长期在庸俗的气氛中过日子，就会成为一个平庸的人。北宋大文学家苏东坡说："古之立大事者，不惟有超世之才，亦有坚忍不拔之志。"明代学者王阳明说："志不立，天下无可成之事。"志向，就是人们立下的奋斗目标，以及为实现这一目标而下的决心。

　　二十几岁的人生还没有定型，追求的目标越高，自身的潜能就发挥得越充分，才能就发展得越快。人之伟大或渺小都决定于他的志向。伟大的毅力只为伟大的目标而产生。坚忍不拔地为事业而奋斗，是成功人士特有的气质。自古以来，人们把这种精神称为"气"，没有"气"就不能成功。

　　志向越大，成就越高。有志向更有可能带来卓越的人生。可以说，志向越高，人生就越丰富，达成的成就越卓绝。志向越低，人生的可塑性越差。也就是常说的："期望值越高，达成期望的可能性越大。"

一个人的志向中必须含有某种能激励你自我拓展、自我要求的要素，这些要素会不断帮助你成长、改变和进步。

美国潜能成功学大师安东尼·罗宾说："如果你是个业务员，赚1万美元容易，还是10万美元容易？告诉你，是10万美元！为什么呢？如果你的目标是赚1万美元，那么你的打算不过是能糊口便成了；如果这就是你的目标与你工作的原因，请问你工作时会兴奋有劲吗？你会热情洋溢吗？"

从前有两个人，他们都想到远方去，一个人想到日本，一个人想到美洲。他们同时从蓬莱出海，结果两人都没有到达目的地。但想到美洲去的人到达了日本，而想到日本去的人只到了朝鲜半岛。

中国古人早就说过："取法上者得乎中，取法中者得乎下，取法下者得乎无。"

那些志向远大、敢于想象的人，所取得的成就必定是远远超出起点；一个理想高、目标大的人，即使做起来没有实现最终的理想和目标，但其实际达到的目标，都要比理想低、目标小的人最终达到的目标还要大。

一个人在二十几岁时，正是敢想敢做的时候，如果这时你没有树立起远大的目标，等人生基本定型后再立志，那时碰到的压力与阻力会更大。因此，把你的志向和目标提升起来，它不应该退缩在一个不恰当的位置，大胆地接受志向的牵引吧！

淡漠是半个死亡，愿望是半个生命

理想与愿望是一种信念，是人的精神支柱。当然，愿望与现实之间的确有差距，但只要朝着目标奋斗，美梦也可以成真。

青春是为梦想和愿望勇敢追逐的年代。黎巴嫩诗人纪伯伦有两句诗："愿望是半个生命，淡漠是半个死亡。"愿望的作用大到可以产生奇迹，相反，失望就会使人彻底毁灭。年轻的我们无处不散发着青春的气息，朝气蓬勃，正值事业和人生的起步阶段，不免遇到很多人生的困境，但不管遇到什么，年轻人都不能漠视，不能忘却自己的愿望和理想，更不能让挫折和困难销蚀了人生的动力。

现实纵使再残酷，也不只有灰暗的一面。愿望是人寄托思想的所在。无愿望，便会懈怠，人生几十年匆匆过去，年轻不再，青春不再，留下的就只有遗憾。

每个年轻人都有着自己的愿望，也都为自己那伟大的愿望激动过、奋斗过，而淡漠就是阻碍愿望实现的杀手，只有坚定自己的愿望，勤勤恳恳地为愿望奋斗，脚踏实地地走好人生的每一步路，才能更快地接近愿望，最终实现它。南非第一位黑人总统曼德拉曾同南非种族隔离制度进行了几十年不屈不挠的斗争，赢得了全世界人的支持和喝彩。

曼德拉出生在一个小村庄，9岁那年他父亲就去世了。后来，他亲眼目睹了大酋长在处理部落争端的问题上总是被白人政府的法律约束，他的心中慢慢升腾起要为正义和平战斗的火花。上学后，曼德拉因为带领同学抗议白人法规和领导学生运动被学校除名，可是这并没有使他忘却自己的理想，相反，他更加明确了自己一生的目标，那就是：要为南非的每一个黑人寻求真正的公正。

1961年6月曼德拉创建了非国大军事组织"民族之矛"，并任总司令。1962年8月，曼德拉被捕入狱，当时他年仅43岁，南非政府以政治煽动和非法越境罪判处他5年监禁。1964年6月，他又被指控犯有阴谋颠覆罪而改判为无期徒刑，从此开始了漫长的铁窗生涯，在狱中长达27个春秋，他备受迫害和折磨，但始终坚贞不屈。1990年2月11日，南非当局在国内外舆论压力下，被迫宣布无条件释放曼德拉。1991年联合国教科文组织授予曼德拉"乌弗埃－博瓦尼争取和平奖"。1993年10月，诺贝尔和平委员会授予他诺贝尔和平奖，以表彰他为废除南非种族歧视政策所做出的贡献。同年他还与当时的南非总统德克勒克一起被授予美国费城自由勋章。1998年9月曼德拉访美，获美国"国会金奖"，成为第一个获得美国这一最高奖项的非洲人。

一生为黑人利益奔走的曼德拉，经受了常人难以想象的痛苦，但苦难和折磨都没有动摇他的信念，这就是愿望的力量。而假如他淡漠，恐怕黑人乃至整个人类史上就少了一个捍卫正义和平等的卫士了。

很多年轻人的人生之所以迷茫，之所以不能在困难中奋起直追，归根结底还是没有远大的志向和为之奋斗的明确目标。没有人生的目标，只会停留在原地。没有远大的志向，只会变得慵懒。不要让青春就这样逝去，只有靠志向和理想冲出迷茫的漩涡，崭新的人生之页才会为你掀开。年轻人应该牢记：愿望是半个生命，淡漠是半个死亡。

目标清晰明确，盯着目标前行

哈佛大学有一个非常著名的关于目标对人生影响的跟踪调查。对象是一群智力、学历、环境等条件相近的青年人。调查结果发现：27%的人没有目标；60%的人目标模糊；10%的人有清晰但比较短期的目标；3%的人有清晰且长期的目标。

25年的跟踪研究结果显示，他们的生活状况及分布现象十分有趣。那些3%有清晰且长期目标者，25年来几乎都不曾更改过自己的人生目标。25年来他们都朝着同一个方向不懈地努力，25年后，他们几乎都成了社会各界的顶尖成功人士，他们中不乏白手创业者、行业领袖、社会精英。

那些10%有清晰短期目标者，大都生活在社会的中上层。他们的共同特点是，那些短期目标不断被达到，生活状态稳步上升，成为各行各业的不可缺的专业人士，如医生、律师、工程师、高级主管等。

　　其中60%的模糊目标者，几乎都生活在社会的中下层面，他们能安稳地生活与工作，但都没有什么特别的成绩。

　　剩下的27%是那些25年来都没有目标的人群，他们几乎都生活在社会的最底层。他们的生活都过得不如意，常常失业，靠社会救济，并且常常都在抱怨他人、抱怨社会、抱怨世界。

　　你有目的或目标吗？你一定要树立一个目标，因为就像你无法从你从来没有去过的地方返回一样，没有目的地，你就永远无法到达。一个人没有目标，就像一艘轮船没有舵，只能随波逐流，无法掌握，最终搁浅在绝望、失败、消沉的海滩上。你只有确实地、精细地、明确地树立起目标，才会认识到你体内所潜藏的巨大能力。

　　曾经有人问罗斯福总统夫人："尊敬的夫人，你能给那些渴求成功，特别是那些年轻、刚刚走出校门的人一些建议吗？"

　　总统夫人谦虚地摇摇头，但她又接着说："不过，先生，你的提问倒令我想起我年轻时的一件事：那时，我在本宁顿学院念书，想过边学习边找一份工作做，最好能在电讯业找份工作，这样我还可以修几个学分。我父亲便帮我联系，约好了去见他的一位朋友，当时任美国无线电公司董事长的萨尔洛夫将军。"

　　"等我单独见到萨尔洛夫将军时，他便直截了当地问我想找什么样的工作，具体哪一个工种。我想他手下的公司任何工种我都喜欢，无所谓选不选了。便对他说，随便哪份工作都行！"

"只见将军停下手中忙碌的工作，眼光注视着我，严肃地说，年轻人，世上没有哪类工作叫'随便'，成功的道路是目标铺成的！"

杰出人士都是循着一条不变的途径以达成功的，世界闻名的潜能激发大师——美国的安东尼·罗宾先生称这条途径为"必定成功公式"。这条公式的第一步是要知道你所追求的，也就是要有明确的目标。第二步就是要知道该怎么去做，否则你只是在做梦，应立即采取最有可能实现目标的做法。如果你仔细留意成功者的做法，就会发现他们就是遵循这些步骤去做的。一开始先有目标，否则不可能一发即中；然后采取行动，因为空等是不可行的；接着是拥有研判能力，知道反馈的性质；然后不断修正、调整、改变他们的做法，直到有效为止。

美国财务顾问协会的前总裁刘易斯·沃克曾接受一位记者采访。他们聊了一会儿后，记者问道："到底是什么因素使人无法成功？"

沃克回答："模糊不清的目标。"记者请沃克进一步解释。他说："我在几分钟前就问你，你的目标是什么？你说希望有一天可以拥有一栋山上的小屋，这就是一个模糊不清的目标。问题就在'有一天'不够明确，因为不够明确，成功的机会也就不大。"

"如果你真的希望在山上买一间小屋，你必须先找出那座山，找出你想要的小屋现值，然后考虑通货膨胀，算出5年后这栋房子值多少钱；接着你必须决定，为了达到这个目标每个月要存多少钱。如果你真的这么做，你可能在不久的将来就会拥有一栋山上的小屋，但如果你只是说说，梦想就可能不会兑现。梦想是愉快的，但没有配合实际行动计划的模糊梦想，则只是妄想而已。"

聪明的人，有理想、有追求、有上进心的人，一定都有一个明确的奋斗目标，他们懂得自己活着是为了什么。因而他所有的努力，从整体上来说都能围绕一个比较长远的目标进行，他们知道自己怎样做是正确且有用的，否则就是做了无用功，或者浪费了时间和生命。显然，成功者总是那些有目标的人，鲜花和荣誉从来不会降临到那些没有目标的人的头上。

一些二十几岁的年轻人总怀着羡慕、嫉妒的心情看待那些取得成功的人，总认为他们取得成功的原因是有外力相助，于是感叹自己的运气不好。殊不知成功者取得成功的主要原因，就是确立了明确的目标。

一个人有了明确的奋斗目标，也就产生了前进的动力。因而目标不仅是奋斗的方向，更是一种对自己的鞭策。有了目标，就有了热情，有了积极性，有了使命感和成就感。

有明确目标的人，会感到自己的心里很踏实，生活得很充实，注意力也会神奇地集中起来，不再被许多繁杂的事所干扰，做什么事都显得成竹在胸。

相反，那些没有明确目标的人，总是感到心里空虚，思维乱成一团麻，分不清主次轻重，遇事犹豫不决，不知道自己该干什么，不该干什么。

只有确立了前进的目标，二十几岁的年轻人才会最大可能地发挥自己的潜力。只有在实现目标的过程中，我们才能够检验出自己的创造性，调动沉睡在心中的那些优异、独特的品质，才能锻炼自己、造就自己。

从小目标开始，实现大目标的突破

大成功是由小目标累积而成的，每一个成功的人都是在达成无数的小目标之后，才实现他们伟大的梦想的。年轻人的小目标要清晰而接近，它们就像一块磁铁，越近对金属的引力就越大。在实践中，离自己的目标越近，工作的速度就越快，所犯的错误也就越少。

二十几岁的年轻人立志时不忌高远，这是走向成功的第一步，但如果只立志不努力去实现，那就不是志向，而是空想了。在生活中，许多人因为目标过于远大，或理想太过崇高而放弃了，目标并未给他们的人生提供任何帮助。

对此，美国哈佛大学行为学家罗布提出了"小目标成功学"。他认为，有些人误以为自己能一步登天，成为成大事者。实际上，这是不可能的。一是由于你的能力不够，二是由于成大事必须经过长久的磨练。因此，真正能成大事者善于"化整为零"，从大处着眼，小处着手。

这就是说，在你的大目标中设立几个"次目标"，以便可较快获得令人满意的成绩，能逐步完成"次目标"，心理上的压力也会随之减小，主目标总有一天会完成。

俄国作家托尔斯泰，从青年时代起，就给自己定下了人生的目标。托尔斯泰既有一辈子的目标，也有某一时段的目标，甚至一年的目标、一个月的目标、一个星期的目标、一天的目标……这样，随时都有目标，随时都有实现目标的喜悦，就会始终情绪高涨，对未来充满信心，自然有利于实现远大的目标。托尔斯泰的成功，与他善于把总的目标分解成若干个阶段性的小目标有莫大的关系。

要达到目标，就要向着目标前进，就像爬楼，不用梯子，一楼到十楼是很难跳上去的，相反，跳得越高就摔得越狠，必须是一步一个台阶地走上去。而如果将大目标分解为多个易于达到的小目标，一步步脚踏实地，每前进一步，达到一个小目标，使人体验了"成功的感觉"，而这种"感觉"将强化他的自信心，并将推动他稳步发展潜能去达到下一个目标。

大成功是由小目标累积而成的，每一个成功的人都是在达成无数的小目标之后，才实现他们伟大的梦想。不放弃，就一定有成功的机会，如果放弃，就已经失败了。不怕艰苦，不懈努力，迎接自己的便将是成功。

在现在二十几岁的年轻人看来，尼克夫妻的目标也许有些平庸，但是你要知道，这些生活平稳的中产阶级正是这个社会的主流。即使退一步说，如果你以成为顶尖人物为理想，也要知道路依然要一步一步地走。比如你的目标是成为本行业的领军人物，也要以一些细小而明确的目标开始：半年内完成财会班的自学，一年内掌握投资的技巧，3年内升至部门的主管……当这些目标一个接一个实现的时候，你就会逐步地接近成功。

在分解目标、实现目标的过程中，应当注意的是，人生大目标即人生大志，可能需要10年、20年甚至终生为之奋斗。所以，任何懈怠都会使你停滞不前，甚至有半途而废的危险。这时你就需要在行动中寻找动力。

曾经有一位63岁的老人从纽约市步行到了佛罗里达州的迈阿密市。经过长途跋涉，克服了重重困难，她到达了迈阿密市。在那儿，有位记者采访了她。记者想知道，这路途中的艰难是否曾经吓倒过她，她又是如何鼓起勇气，徒步旅行的。

老人答道："走一步路是不需要勇气的，我所做的就是这样。我先走了一步，接着再走一步……我就到了这里。"

做任何事，只要你迈出了第一步，再一步步地走下去，你就会逐渐靠近你的目的地。如果你知道具体的目的地，而且向它迈出了第一步，你便开始走上了成功之路！

想成就大事业的人，首先要做好小事情；想要实现宏大的目标，先得从实现小目标开始。其实人生是一个不断设立目标并实现目标的过程，当每一个小梦想都慢慢实现的时候，我们的人生就真的可以无怨无悔了。这并不是天方夜谭，我们已经朝着正确的方向迈出了第一步，只要我们一步一个脚印地走下去，就一定能够取得胜利。

先为目标付出，目标只成就不可或缺的人

二十几岁的年轻人进入社会，刚开始时只是新人、小人物，他们做着枯燥的事务性工作，对那些挑大梁的精英们有些羡慕，又有些敬畏。每个人的心底，都曾经有过叱咤风云的梦想，有的人顺利实现了自己的目标，有的人却一直做着可有可无的工作，一生默默无闻。除了天分、机遇等客观原因，失败者还在于对自己的认识不够准确，只把眼光放在理想的光环上，而忘记了应该逐步充实自己。

有些二十几岁的年轻人虽然有野心、有能力，却对工作过分挑剔，一直在寻找"完美的"老板或工作。事实是，老板需要准时工作、诚实而努力的员工，他只将加薪与升迁的机会留给那些格外努力、格外忠心、格外热心、愿意花更多的时间做事的职员，因为他在经营生意，而不是在做慈善事业，他需要的是那些更有价值的人。

然而不幸的是，许多人只是站在生命的火炉前，说道：

"火炉，请给我一点温暖，然后我给你加进一些木柴。"

如此类推，秘书往往会跑到老板那里说："给我加薪，我就会做得更好。"推销员会到老板那里说："升我为销售主管，我就会变得很能干，虽然我一直没有做出什么。所以请让我做主管，我会做给你看。"

"给我报酬，然后我会生产。"可惜生命并不是这样运行的。在你得到期望的东西前，必须加进一些东西。凡是有责任感的人都会同意"没有白吃的午餐"与"你无法不付出代价就得到一些东西"这两句话。

一天，一名叫丽塔的女雇员匆匆地走进经理的办公室，一屁股坐在椅子上。她在公司客户服务部工作。几周来，客户们纷纷来电话抱怨货物发运有误，弄得她应接不暇。她对这种情况感到厌烦透了，要求经理采取点措施，不然她就准备辞职了。"好吧，丽塔。"经理像往常一样说，"我会搞清楚是怎么回事的。"她道了谢，起身离去了。丽塔总能得到她寻求的一点安慰、一点保证。但她因此暴露了自己的心态：我是个"小人物"，不应当成为处理问题的人；我只想每天来上班，一切都顺利。

采取"小人物"态度的员工，无异于在告诉别人，他们不打算承担更多的责任。倘若丽塔走进经理的办公室时，是带着解决问题的办法，而不是问题本身，她也许会使自己成为晋升候选人。

　　工作中，人人都会遇到问题，关键在于你怎么办。专家的忠告是：靠自己解决问题。因为解决问题是显示你的才干、给公司做出重要贡献的机会。事实上，不少晋升机会都是由那些聪明的雇员在做超出其职责范围的工作时创造的。

　　你没有义务要做自己职责范围以外的事，但是你也可以选择自愿去做，以驱策自己快速前进。率先主动是一种极珍贵、备受看重的素养，它能使人变得更加敏捷，更加积极。无论你是管理者，还是普通职员，"每天多做一点"的工作态度能使你从竞争中脱颖而出。你的老板、委托人和顾客会关注你、信赖你，从而给你更多的机会。每天多做一点，也许会占用你的时间，但是，你的行为会使你赢得良好的声誉，并增加他人对你的需要，最终使你成为公司和本行业中不可或缺的人。

　　卡洛·道尼斯先生最初为杜兰特工作时，职务很低，现在已成为杜兰特先生的左膀右臂，担任其下属一家公司的总裁。他之所以能如此快速地升迁，秘密就在于"每天多做一点"。

　　他平静而简短地道出于其中的缘由："在为杜兰特先生工作之初，我就注意到，每天下班后，所有的人都回家了，杜兰特先生仍然会留在办公室里继续工作到很晚。因此，我决定下班后也留在办公室里。是的，的确没有人要求我这样做，但我认为自己应该留下来，在需要时为杜兰特先生提供一些帮助。工作时杜兰特先生经常找文件、打印材料，最初这些工作都是他自己亲自来做的。很快，他就发现我随时在等待他的召唤，并且逐渐养成招呼我的习惯……"

杜兰特先生为什么会养成召唤道尼斯先生的习惯呢？因为道尼斯主动留在办公室，使杜兰特先生随时可以看到他，并且诚心诚意为他服务。这样做获得了报酬吗？没有。但是，他获得了更多的机会，最终获得了提升。

在养成了"每天多做一点"的好习惯之后，与四周那些尚未养成这种习惯的人相比，你已经具有了优势。这种习惯使你无论从事什么行业，都会有更多的人指名要求你提供服务。

如果你希望将自己的胳臂锻炼得更强壮，唯一的途径就是利用它来做最艰苦的工作。相反，如果长期不使用你的胳臂，让它养尊处优，其结果就是使它变得虚弱甚至萎缩。身处困境还能拼搏便会产生巨大的力量，这是人生永恒不变的法则。如果你能比分内的工作多做一点，那么，不仅能彰显你勤奋的美德，而且能发展一种超凡的技巧与能力，使你具有更强大的生存力量，从而摆脱困境。

一般人认为，忠实可靠、尽职尽责地完成分配的任务就可以了，但这远远不够，尤其是对于那些刚刚踏入社会的年轻人来说更是如此。要想取得成功，必须做得更多更好。一开始我们也许从事秘书、会计或出纳之类的事务性工作，可难道我们要在这样的职位上做一辈子吗？成功者除了做好本职工作以外，还需要做一些不同寻常的事情来培养自己的能力，引起人们的关注。

　　二十几岁的年轻人，经常面临的最大困惑就是失去了职业生涯的方向。他们有种无力感，认为自己的角色可有可无，跟不上别人，没有归属感，工作中充满了挫折。这时你所能做的最有价值的事情，就是每天从手边的工作开始踏踏实实地做事情，认认真真地培养能力。这会使你在事业中的地位日渐重要，不动声色地接近伟大的目标。

用目标给人生带来无穷的力量

　　人生如潮，有起有落。每个人在寻找幸福人生的过程中，都不可能一帆风顺。困境与挫折是避免不了的，是否会走入误区和沼泽也不是以自己的意志决定的。我们在二十几岁时，从整体上把握人生的能力尚还欠缺，常常会因一时的打击而气馁。为使我们在困境中保持信心和勇气，在追求中保持方向和力量，就要为自己树立一盏导航灯，那就是人生美好的愿望和愿景。无论眼前的处境多么艰难，只要你知道自己是在向着美好的目的地前进时，心灵就会平定，热情就会充沛。

　　大自然在造就人类的同时，也造就了人类的精神支柱——志向。志气不是可有可无的点缀品，而是一个人生命中必备的动力。人若失去了大志，就等于失去了灵魂。目标的确立对于每个二十几岁的年轻人的工作、学习、事业和生活都会产生巨大的影响。没有目标的人生是迷茫的，更是容易出现差错、纰漏，甚至危险的。

70多岁的老科学家，国际著名地质学家许靖华院士回到母校为中学生们做演讲时，曾经毫不避讳地说，在二十几岁之前，因为没有找到人生的目标，他甚至有了轻生的打算，后来在生活中，他逐渐感悟到自己的人生目标是拥有友情、爱情和热情，才真正清醒地一步步走向了成功。

坚忍不拔地为事业而奋斗，是成功人士特有的气质。自古以来人们把这种精神称为"气"，没有"气"，我们的挑战就没有了方向。反过来，如果心中时刻被未来的成就激励，每一天都会过得无比幸福和充实。

一个人的优秀是从梦想开始的。因此及早树立目标的好处就是，它们会释放精力及创造力来协助你实现目标，能够集中你的注意力及精力，让你清楚地看到未来，给你勇气去开始并坚持到最后。那些心怀梦想的人，虽然不流于表面，内心却有着让自己变得与众不同的力量。

因为家境困难而不得不休学的欧普拉在超市打工，比起每天站到双脚浮肿更让她难过的是得不到别人的尊重。

商场销售员也分等级，厂家派来的职员或商场的正式员工，从外表上看显得干净利落，而且在商场内的待遇也不一样。然而像欧普拉这种临时雇员，无论在哪里都会受到不公平的待遇。

在每天清理货架、搬运商品的工作中，欧普拉就告诉自己：我绝不是应该享受这种待遇的人，于是就在脑海中描绘自己的未来。主攻经营学的她，想成为市场营销的专家，有着从营销人员晋升到CEO的华丽梦想。

欧普拉经历了就业困难的时期和辛苦的公司生活，但她一刻也没有忘记自己在商场里就已经确立的梦想。如她所愿，欧普拉在市场营销领域崭露头角，几年后即被一家大企业选中，成为商场事业部的经理。

你不妨在最忙碌的时候，起身看看面对计算机工作的同事。一样的部门，一样的办公室，同样的工作，看似差不多的生活，10年后，这些人当中，必定有人会过着与众不同的生活。在看似平凡的外表下，隐藏着不平凡梦想的人，就会是这个预言的主角。有梦想的人，就算不能实现这个梦想，也会因为奋斗的过程而实现特别的价值。有梦想的人，言行举止都与相同处境的人不一样。

对于任何东西，你都可以渴望得到，而且只要你的需求合乎理性，并且十分热烈，那么"目标"这种力量将会帮助你得到它。

假设你准备成为一名作家，或是一位杰出的演说家，或是一位商界主管，或是一位能力高超的金融家。那么你最好在每天就寝前及起床后，花上10分钟，把你的思想集中在这个愿望上，以决定应该如何进行，才有可能把它变成现实。

当你要专心致志地集中你的思想时，就应该把你的眼光望向1年、3年、5年甚至10年后，幻想你自己是这个时代最有力量的人物；假设你拥有相当不错的收入；假想你购买了自己的房子；假想你正从事一项永远不用害怕失去地位的工作……专注于这些想象，你就可以把自己的每一天看做一个逐渐接近目标的过程，享受奋斗的快乐。

一个人在二十几岁时，还没有完全承担社会、生活的重担，常常对生活、事业没有明确的目标，更没有详细的计划，因而不知道什么是自己当前要抓紧完成的，什么是绝对不应该做的，进而糊里糊涂地做了一些本来不应该做的事，最后不仅耽误了时间，浪费了精力，还可能搅乱了自己正常的生活秩序，甚至产生一些严重的不良后果。

有人曾经说过，对于一艘没有航向的船，任何方向的风都是多余的。对于没有目标的人而言，任何行动都是多余的。

有了目标，我们内心的力量，才会找到发挥作用的方向；有了目标，我们才会有积极奋斗的动力。比起那些因为找不到方向而灰心麻木者，心中有目标的人，愈发活得神采飞扬。

第8章

投资时间，年轻就是最大的资本

　　对于大多数人来说，二十几岁不是实现梦想的时期，而是投资自己，继续充电，为30岁以后的成功积累养分的时期。二十几岁的我们，拥有大把的时间，你可以对其进行管理，制订计划，同时也可以尽情挥霍，混沌度日。一年、两年……成功者和失败者背道而驰，在时间的作用下，我们分出了等次，拥有了不同的生活质量。年轻，是我们最大的资本；年轻，更应该是我们最大的一项投资。

提升素质，让你的辛苦换来更多的回报

尽管并不是每个人都能够得到理想中的高职位，有些人必须在这个世界上做那些平凡的工作，获得一点微薄的报酬。但我们毕竟可以靠提升自身的素质和寻找更为有效的方法，从而使自己的辛苦得到更多的回报。

年轻人在自己独立生活之前，已经从长辈、老师那里得到了许多关于"不劳动不得食"的教育。这话没错，劳动创造了人类，在劳动中，我们创造价值并享受劳动的回馈。但是如果你把这句话扩展为"以辛苦换收益""多大付出就有多大回报"，那么就需要进行深层次的思考了。这种思维从纯理论角度或许还说得通，在现实中却是有人打着高尔夫球就把钱挣了，有人每天累得腰酸背痛，却仅能糊口。

埋怨社会不公是没有意义的，为了不让自己也陷入这种怪圈，年轻人在二十几岁时，就应该明白辛苦与效率、辛苦与价值的关系，力求自己的劳动，能换来最大化的效益。

就目前的社会状况来讲，接受新知识的培训，不断地提高自己的教育层次，依然是年轻人提升自身价值的重要途径。

知识是一种可以随身携带的资本，并且它的大门平等地对每一个人敞开。当你的出身、地位、资产都与人相形见绌时，

知识就是你手里唯一的一张大牌。

社会学家罗伊特·华纳说过，美国的理想是建立在每个人都能"成功"这个信念上的——而一个人想要出人头地的主要方法，就是接受教育。

事实上，并不是每个人都能够得到理想中的高职位，有些人必须在这个世界上做那些他不太想做的工作。但是令人振奋的是，如果他愿意训练自己，培养更好的能力，他就不会永远停留在低下的工作上了。

一位年轻律师的故事，也许可以给那些不甘于现状的人一些启示。

这位律师的名字叫海威希。他刚踏入社会时，在鹏萨所城一家贸易信托公司里当小职员。后来他移居到俄克拉何马州，进入谢尔石油公司。

不久，经济发生了大恐慌，海威希和许多职员被解雇了。他受过的训练和经验都不够，没有办法担任一般职员以外的工作。他只好接受了他所能从事的唯一一份工作——以每小时4美分的代价，挖壕沟。

他的故事后半段是这样的：后来海威希被谢尔石油公司重新雇用，他的工作是在会计部门办理有关投资的文书工作。但是他对于会计工作一窍不通，这时只有一个办法，那就是学习。海威希认为自己到俄克拉何马法律会计学校的夜间部会计科上课，是他所做过的最聪明的一件事。

　　经过3年的学习以后，他的薪水翻倍了。于是他马上进入杜尔沙大学夜间的法律系上课，4年内修完全部学分，得到了学位，并且通过律师鉴定考试而成为合格的开业律师。

　　但是他仍不满足，研究高等会计3年以后，又学习了一门公共演讲课程。这些连续的教育，使海威希的薪水比挖壕沟的时候增多了12倍。

　　海威希的故事是教育自己以获得成功的典型故事，任何一个愿意付出时间和努力的人都可以做到。

　　海威希的成功，源于他对自己前进的方向的正确选择。如果当初他只把目光放在挖沟的多快好省上，工头赏识了，也不过多挣几个糊口的钱罢了，而他的教育历程对他来说是一次脱胎换骨的改变。

　　教育是年轻人对自己最成功的后天改造，但是在生活中，并不是每个拿到进入主流社会资格证的人，都做出了显而易见的业绩并获得了相应的报酬。大家都在忙，但得到的回报却有高有低，问题究竟出在了哪里？

　　19世纪，意大利经济学者帕列托提出了著名的"二八法则"，对于付出与回报的关系，"二八法则"这么说：你所完成的工作里，80%的成果来自你所付出的20%。换言之，我们4/5的努力——也就是付出的大部分努力，几乎是白白浪费的。这一点一定使你大吃一惊！

　　为了使你的辛苦都收到实效，我们迫切需要一种更为合理的工作方法。比尔·盖茨认为：那些高效率的人，不管做什么事情，首先都用分清主次的办法来统筹做事。

把要做的事情分成等级和类别，首先是办重要而又紧迫的事；其次是重要的但不紧迫的事；再次是紧迫但不重要的事；最后是既不重要又不紧迫的事。为了大幅度提高自己的做事效率，我们应该用80%的精力做能带来最高回报的事情，而用20%的精力做其他的事情。

所谓"最高回报"的事情，即是符合"目标要求"或自己会比别人干得更高效的事情。

最高回报的地方，也就是最有生产力的地方。这要求我们必须辩证地看待"勤奋"。"业精于勤荒于嬉"。勤，在不同的时代有其不同的内容和要求。过去人们将"三更灯火五更鸡"的孜孜不倦视为勤奋的标准，但在快节奏、高效率的信息时代，勤奋需要新的定义。勤要勤在点子上，即最有生产力的地方，这就是当今时代"勤"的特点。

前些年，日本大多数企业家还把下班后加班加点的人视为最好的员工，如今却不一定了。他们认为一个员工靠加班加点来完成工作，说明他很可能不具备在规定时间内完成任务的能力，工作效率低下。而社会只承认有效劳动。

年轻人从二十岁左右走向社会，刚开始的时候大家都有自己的人生规划：再学习什么样的经验，然后实现什么样的目标，赚取多大的回报。但是时间久了，按部就班的工作和越来越重的负担慢慢压抑了他们的心志，他们所得到的最直接的工作经验就是手脚灵活、动作娴熟，成了大机器上无数合格的小螺丝中的一个。

如果要彻底摆脱这种"多劳而少得"的状态，就要把每一种事情都当成一种事业来做，考虑与之相关的方法和效益，设计它的未来，把每一天的每一步都当成一个连续的过程。

把时间用在学习上，是最有价值的投资

花在学习上的时间，可能一时见不到功效，可在这种潜移默化之中，你会逐渐提高层次，然后由量变到质变，必有厚积薄发的时刻。世界上最昂贵的是时间，最便宜的是学习。

一个人小时候所受的校园教育，是父母送给你的原始积累。二十几岁后进入社会，这种学习的过程并不会中断。农耕社会，土地是最重要的资源；工业社会，能源是最重要的资源；知识社会，头脑是最重要的资源。学会了学习，一切都会随之而来。毫不夸张地说，学习能力是一切能力之母。只有善于学习、懂得学习的人，才能具备高能力、高素质，才能不断获得新信息、新机遇，才能够赢得成功、创造未来。

一分耕耘，一分收获，时间是最公平的计价器，一个人把时间花在哪里是显而易见的。比如，在一群同样是二十几岁的

年轻人中，刚开始大家处在同一起点，穿着轻松简单的T恤，做着轻松简单的入门工作。但是10年之后，有人已经成为行业精英或已开创了自己的事业，目光里透着自信。此时依然停滞不前的人就相形见绌了，20岁时身无余物还可以算作潇洒，过了30岁依然两手空空就略显寒酸。你可以把这种差别归于社会、归于机遇，但你是否想过这一切都是由于自己没有管理好自己的时间，别人在学习和成长的时候，你却没有丝毫进步。没有时间、没有机会学习都是借口，无论在多么艰难的情况下，只要你不放弃，就没有什么力量能阻止你。

李嘉诚曾是亚洲首富、世界十大富豪之一。有人曾经问李嘉诚："您成功靠什么？"李嘉诚毫不犹豫地回答："靠学习，不断地学习。"

李嘉诚勤于自学，在任何情况下都不忘记学习：他年轻时在打工期间坚持"抢学"；创业期间坚持自学；就连在经营自己的"商业王国"期间，仍孜孜不倦地坚持学习。

每晚睡前是李嘉诚固定的看书时间，他喜欢看人物传记，无论是在医疗、政治、教育还是福利方面，对全人类有所帮助的人他都很佩服，都心存景仰。

他还很早就开始坚持学英语，专门聘请了一位私人教师每天早晨7：30上课，上完课再去上班，天天如此。在办塑料厂时，他还订阅了英文塑料杂志，既学英文，又了解了世界最新的塑料行业动态。

当年，懂英文的华人在香港是"稀有动物"，这份才能使李嘉诚可以直接飞往英美，参加各种展销会，谈生意可直接与外籍顾问、银行的高层交流，为他成功拓展世界市场提供了最佳的保障。

成功，取决于人的能力；而能力，则取决于人的学习力——归根到底，成功取决于学习。不断地学习知识，正是李嘉诚成功的奥秘。

21世纪的社会文盲已不再是那些不识字的人，而是那些不会学习的人。在这个时代，我们原有的知识正在以每年5%的速度不断"报废"，如果不随时进行更新和补充，10年后就会有50%的知识变得陈旧和老化，这样的我们又何谈成功呢？

也许你曾经注意过，如今一些机构的招聘常常强调外语和计算机能力，这两种能力不一定与本职工作有关，但它们最能够代表一个人的学习能力。

不要以为出了校门、拿了文凭，学习的历程就结束了，即使你已拥有了足够的资格证书，依然还有些知识结构上的缺憾需要弥补。经常参加一些培训班或研习会，不仅可以学到一些新的知识和观念，而且可以进一步了解行业发展趋势。

这些培训班或研习会不同于学院式的正规教育，参加培训班或研习会的人一般都是早已走向社会，有自己的事业，有自己职业的人，而且是一群力求上进、想成功的人。

如果是同行，可以彼此交流工作心得，探讨行业发展趋势，了解更多有关的行业信息。这些信息对于做决策、发展事业是很有帮助的。如果不是同行，那他就有可能成为你的顾客。同时，他也有可能带给你正在寻找的东西。

如果你是受邀去参加培训班或是研讨会，那么请你以开放的心胸和积极的态度参加。参加培训班或研习会可能会花钱，但是训练需要花钱，不训练更需要花钱。世界上最昂贵的是时间，最便宜的是学习。

要想取得成功，就必须要有不断学习新知识的渴望，必须有向成功人士和杰出同行学习的远见，还要正确地评估自己的目标和能力，然后模仿、运用、调适。只要肯努力，就会不断取得进步。

如果等到我们个子长高了，慢慢又变矮了，头发由黑变白时才想起，该学的没有学，该会的没有会，该做的没有做，过去的时间却再也找不回来了，这何尝不是一种悲哀？

二十几岁的年纪，正是为了自己心中的目标而学习的时候，掌握知识，培养能力，不断提高我们的生命质量。如果你对时间的投资方向正确，它必不会辜负你的期待。

尊重时间就是尊重自己的前程

在工作期间，任何漠视时间的做法都是不恰当的，给组织造成损失的同时，也给自己的发展带来负面影响。你的考勤簿不单是发薪水的依据，还代表着你的责任感和敬业程度。

当二十几岁的年轻人进入社会独立生活的时候，一开始就应该培养起对时间的责任感。一旦某个机构或某个单位接纳你成为它们的一员，你的工作时间就通过契约的形式归属于对方。在工作期间，任何漠视时间的做法都是不恰当的，给组织造成损失的同时，也给自己的发展带来负面影响。

时常请假对一个上班族来说不是一件好事，享有自己应有的休假本来无可厚非，但任意休假就是不负责任的表现了。

有一家制造厂接到外商的一份大额订单，这一段日子里，公司上上下下都忙得不可开交。

这时，有一个员工患了感冒，他向上司请假，说要到医院去看病，上司说这段时间很忙，能坚持就坚持，不能坚持再去看病。这个员工说大病都是小病引起的，上司只好批准他请病假，并抽调别人临时代替他的工作。

下午，上司陪客户外出去一个旅游景点游玩，却看到那个请病假的员工跟自己的女友在景点旅游，精神很好，完全看不出生病了。上司很生气，从此对这个员工的印象大打折扣。

作为一个二十几岁的刚踏入职场不久的新人，在公司最忙、最累、最紧张的时候，要避免借故请假，即使生病，也要秉持"轻伤不下火线"的信条，只要还能上班就不要请假。否则，就会给人留下不好的印象：竟然在这么重要的日子里请假，真是太没责任心了。

　　如果一切按照公司的规定，而且在不影响工作的情况下请假，自然没有问题。但是，如果毫无计划地请假，甚至是为了一件微不足道的私人小事就请假，还自我安慰说"反正我把工作做完了，就算今天请假，明天我会多做一点，没什么大不了的"，就会给你日后的工作造成麻烦，甚至影响个人前途。

　　你的考勤簿不单是发薪水的依据，还代表着你的责任感和敬业程度，在某种意义上，圆满的出勤率就是圆满的人生态度。

　　不要一到下班时间就消失得无影无踪，如果你未能在下班前将问题解决好，那你必须告知他人。如果你不能继续留下来帮忙，那你应于抵家后再打电话询问事情是否已得到控制。即使是平常的日子，在离开公司之前，也应向你的主管打声招呼。

　　如果你向成功人士询问他们的成功秘诀，十之八九的人会回答："要当那个早晨第一个到办公室、晚上最后一个离开的人。"这句话换一个说法就是："上班时不要做最后一个，下班时不要做第一个。"

　　办事准时、守时是获得别人信任的手段，做生意、签协议最讲求时效，所以，千万不要认为上班、下班或办事迟到几分钟无所谓。如果有一天，老板准时走进办公室，看到其他同事正在埋头工作，而你的座位空空如也，那么，无论你如何开脱，也很难挽回恶劣的影响，老板会认为你不喜欢目前的工作，随时准备放弃，所以工作起来无法尽心尽力。

　　下班的铃声响了并不一定意味着工作的结束，也许你的工作正在关键时刻，仅仅再多花十几分钟或半个小时就可以解决，可是因为你立刻躁动起来的情绪，你只能把它拖到明天从头再来。也许当时突然涌现出来的想法和灵感就会忘记，这也需要从头再来，于是，你的工作效率明显就减慢了，也可能因为完不成任务而遭到上司的批评。

在竞争激烈的现代经济社会中，加班对很多公司而言已是家常便饭，当然大多数公司都会有相应的报酬与奖励。但除去经济上的因素，这也确实是员工热爱工作、公司以及敬业的表现。除非你不喜欢这家公司、这份工作或这种紧张的工作气氛，否则还是应满怀热情地投入到工作中。对于一个精明的老板而言，你的很多细微表现他都看在眼里，记在心里。他宁肯使用一个能力稍逊色但守时敬业的员工，也不敢任用一个"跑得快的大侠"。

年轻人对自己定位，应该以最高标准来要求，不放过其中每一个环节。在对时间的管理中，勤奋工作、守时尽责是上班族的基本义务，而在同样的时间内发挥出最大的效率，则是对你的另一种考验。

我们做每件事，只有事先做好相关的准备工作，才不至于手忙脚乱，才能把事情圆满地做好。有了第一天短短几分钟的准备过程，就能对第二天的工作有充分的认识，就能知道做事的轻重缓急和先后次序。所以，不要对昨天的几分钟的准备不以为然。相反，如果你在工作中无视"准备"，事前准备不充分，事后就会麻烦多多。

　　比如：你昨天少花了几分钟时间做准备工作，可能会导致你今天忙而无序，而且不能顺顺利利地完成工作；你昨天少花了几分钟时间熟悉谈判资料及相关文件，可能会导致你在第二天的谈判中陷入不利的局面。

　　做任何事情，都要提前做好充分的准备。二十几岁常常是我们独立工作的开始，很多事情还远远没有达到驾轻就熟的地步，作为一个上班族，要想把第二天的工作做好，就要在每天下班前制订出第二天的工作计划。如果拖到第二天上午上班时才制订工作计划表，就很容易费时费力，因为那时又面临新一天的工作压力。而前一天晚上做好准备工作，第二天工作起来就会得心应手。

　　凡事做好准备，每一天都可以很轻松地达成你的目标。所有成功的人，都是凡事有准备的人。

　　在对时间的管理中，二十几岁的年轻人最应该记住的，就是充分地尊重时间，充分尊重单位时间内所产生的效益。能做到这些，赏识你这种品格的人就会不请自来。

盛年不重来，一日难再晨

　　时间犹如一位公正的匠人，对于珍惜年华者和虚度光阴者的赐予有天壤之别。珍惜它的人，它会在你生命的碑石上镂刻下辉煌业绩；而对于那些胸无大志的懦夫懒汉，时间就像一个可恶的魔鬼，难以打发。总之，谁对时间越吝啬，时间对谁越慷慨，要时间不辜负你，首先你要不辜负时间；抛弃时间的人，时间也会抛弃他。

时间伴随着我们的一生，我们可以自由支配。然而，许多二十几岁的年轻人自认有大把的时间可以挥霍，丝毫没有意识到时间在悄然流逝。

陶渊明说："盛年不重来，一日难再晨。及时当勉励，岁月不待人。"杜秋娘说："劝君莫惜金缕衣，劝君惜取少年时。有花堪折直须折，莫待无花空折枝。"在人的一生中，时间是最容易流失的。我们无法阻止时间的流逝，但是我们可以管理时间，主宰自己的青春。

只有当你充分利用时间时，你才知道你究竟能做多少事。一个不珍惜时间，把大把时间浪费在吃喝玩乐上的人，他一生都不会有什么成就。

巴尔扎克说："时间是人的财富、全部财富，正如时间是国家的财富一样，因为任何财富都是时间与行动化合之后的成果。"

巴尔扎克是怎样珍惜和利用时间的呢？让我们看看巴尔扎克一天普通的生活吧：

午夜，墙上的挂钟敲了12响，巴尔扎克准时从睡梦中醒来。他点起蜡烛，洗一把脸，开始了一天的工作。这是最宁静的时刻，既不会有人来打扰，也不会有债主来催账，这正是他写作的黄金时间。

准备工作开始了，他把纸、笔、墨水都放在适当的位置上，这是为了在写作时不让自己的思路被打断。他又把一个小记事本放到写字台的左上角，上面记着章节的结构提纲。他再把为数极少的几本书整理一下，因为大多数书籍资料都早已装在他脑中了。

巴尔扎克开始写作了。房间里只听见奋笔疾书的"沙沙"声。他很少停笔，有时累得手指麻木也不肯休息。他喝上一杯浓咖啡，振作一下精神，又继续写下去。

早晨8点钟了，巴尔扎克草草吃完早饭，洗个澡，紧接着就处理日常事务。印刷所的人来取墨迹未干的稿子，同时送来几天前的清样，巴尔扎克赶紧修改稿样。稿样上的空白被填满了密密的字，正面写不下就写在反面，反面也挤不下了，就再加上一张白纸，直到他觉得对任何一个词都再也挑不出毛病时才停手。

修改稿样的工作一直进行到中午12点。整个下午的时间，他用来摘记备忘录和写信，在信上和朋友们探讨艺术上的问题。

吃过晚饭，他要对晚饭以前的一切略做总结，更重要的是，对明天要写的章节进行细致缜密的推敲，这是他写作中一个非常重要的环节，一个必不可少的步骤。晚上8点，他放下了一切工作，按时睡下了。

这普通的一天，只是巴尔扎克几十年间写作生活的一个缩影。巴尔扎克曾经这样说过："我发誓要取得自由，不欠一页文债，不欠一文小钱。哪怕把我累死，我也要一鼓作气干到底。"

巴尔扎克珍惜生前每一分钟，因此，他的一生光彩照人。

珍惜时间，能够使我们有限的生命结出更加丰硕的果实，这实际上等于延长了我们的生命。

二十几岁的我们，正值青春时期，不要总想着自己还有长长的一生可以挥霍，浪费一点无关紧要，要知道，浪费时间就等于慢性自杀。世界上大凡能成就伟业者，都是珍惜时间的人。

人们问富兰克林先生："您怎么能够做那么多的事情呢？而上帝也不多给您一点儿时间呀！"

"您看一看我的作息时间表就知道了！"富兰克林答道。

他的作息时间表是什么样的呢？

5点起床，规划一天的事务，并自问："我这一天要做什么事？"

上午8：00～11：00，下午2：00～3：00，工作。

中午12：00～1：00，阅读、吃午饭。

晚上6：00～9：00，吃晚饭、谈话、娱乐、考查一天的工作，并自问："我今天做了什么事？"

朋友劝富兰克林说："天天如此，是不是过于……"

"你热爱生命吗？"富兰克林摆摆手，打断了朋友的谈话，说，"那么，别浪费时间，因为时间是组成生命的材料。"

你是否感觉到了时光正从你的生命里偷偷地流逝。在思考问题的一刹那，光线，确切地说是时间，从你的眼角、你手指的间隙里无声地滑过，而在这一刻里，你没有给世界任何付出，世界也没有给你任何回报，你生命的一小段被时间无情地抛弃了。

许多人都埋怨命运，却无人指责时间。时间对任何人都是公平、无私的，每个人都能用自己的方式扮演自身所投入的角色，不管他的角色是多么得精彩或是多么得落魄，时间之手轻轻一挥，便将这些一一抹杀，留下来的只是历史。历史是那些印证时间存在过，却不能被我们任何一个人所拥有的东西。当我们重读历史，那字里行间闪烁的只是想象的光芒，这光芒是虚幻的、不可把握的。历史不会重来，时光不会倒流，生命只有一次。时光催人老，即便是二十几岁的年轻人，如果只是松松垮垮地过日子，中年的懊恼也很快就会降临。

珍惜时间，要从今天做起。因为昨天已经过去，惋惜也无法追回；明天尚未到来，与其驻足，不如奋起；而今天就在眼前，抓住了今天，既可以弥补昨天的不足，又可以提前迎接明天的朝阳。我们要珍惜每一个"今天"，尽量压缩生活中每一分的"时间开支"；每当翻开日历时，要意识到不能让崭新的这一页成为空白。

二十几岁的年轻人如果想成就一番事业，一定要珍惜时间。无论一个人的年华还剩多少，也要等你认识到时间宝贵的那一天开始，才可以说是明智地驾驭了生命的开端。

时不我待，摆脱拖延的恶习

拖延的习惯是很可怕的，它不但耽搁工作的进程，影响我们走向成功，而且常常会让我们产生很多精神负担。有许多大好时光在我们的懒散拖延中悄悄流走，对付拖延的秘诀就是一次只做一件事，并且马上行动。

时光不会倒流，生命不会重来，所以人的一生总要留下无尽的遗憾。生活中常听到三四十岁的中年人感叹"长江后浪推前浪"，面对冲劲十足的后来者，感到巨大的生存压力。今天二十几岁的你，如果现在还没有领悟到时不我待、赶快行动起来的紧迫性，不久也会有"心有余而力不足"的一天。

成功不是想出来的，也不是说出来的，而是做出来的，是在行动中才能产生的。一切方法、意愿只有在行动中才能发挥指导和辅助的作用，没有行动，一切都是幻想。

可遗憾的是，在日常生活中，我们有许多应该做的事，最后却忘了，这是为什么呢？因为我们多数人都有一个致命的坏习惯——拖延。

有两个学生同时报考某教授的博士生，可是教授只招收一个学生，于是教授就给他们出了一道题目，两个学生同时做完了题目。过程一样精彩，结果也一样正确，难分伯仲。教授思考了一下，选择了其中一个。

另一个很不服气地找教授问："为什么没有选择我？"教授指着题目开始做的时间说："题目是我上周五下午布置的，他是上周五下午4点开始做的，你是周一开始做的。我之所以选择从周五下午4点开始的他，是因为我认为一个立刻开始行动的人更具竞争力。"

一个人失败的原因，事实上也是一般人不能成功的主要原因，就是缺乏足够的行动力，做事总是拖延。

许多该做的事就是这样被一而再，再而三地拖延下去。生活中这种情况比比皆是：有的人想身体健康、有活力，很想锻炼身体，却从不运动；有的人知道要设目标、订计划，却从来不去设计，即使设了目标、订了计划，也不曾执行过；有的人知道要早起、要努力，却总是赖在被窝里……

有时候人们之所以拖延，是因为不愿承担更多的责任。学生总想在大学里，而不想到外面工作。有些未婚青年总是一直维持现有状态，而不愿结婚，因为他们怕承担婚姻的责任。有时职员不愿升迁，是害怕随之而来的重担。更有甚者，比如一些生理上有疾病的人，一直拖着不就医，也是怕身体健康了，就必须肩负起责任。

你也许因为缺乏动力，或是感到灰心，觉得自己无用而拖延工作，假如确实如此，你就必须改造自己，并且改变你的自我形象。抽出一些时间，对自己进行一次精神式的训话，告诉自己，你为什么是个优秀能干的人。认清自己的力量所在，把弱点放在一旁。

自夸会增加你的信心，并且增加你的热度。相信自己，你所能完成的工作就越多，做得也越好。

汤姆·霍普金斯是全世界单年内销售最多房屋的地产业务员，平均每天卖一幢房子，至今仍是吉尼斯世界纪录的保持者。

同时，他也是当今世界第一名推销训练大师，接受过其训练的学生在全球超过500万人。

当他的事业迎来辉煌时，很多人企盼得到他的成功秘诀。

一次，有一个人问汤姆·霍普金斯："请问您成功的秘诀到底是什么？"

他说："马上行动！"

"当您遇到困难的时候，请问您都是如何处理的？"

他说："马上行动！"

"当您遇到挫折的时候，您要如何克服？"

他说："马上行动！"

"在未来当您遇到瓶颈的时候，您要如何突破？"

他说："马上行动！"

"假如您要分享您的成功秘诀给全世界每一个人，那您要告诉他们什么？"

他说："马上行动！"

成功的秘诀就是绝不拖延，马上行动，可有些人虽然心中向往着成功，脚步却总是在起点上犹豫不决地徘徊。各种各样的理由总是拽着行动的脚步不得迈出：我也许会失败；我准备的可能还不够充分；现在也许时机还不到；这样就开始未免太仓促了……

而有的人是因为做事没有紧迫感，因为想偷懒而拖延。他们想到应该去做什么事后，不是马上行动，而是找一些可以不用现在行动的借口：再休息一会吧；明天再做吧；后天做也行；我今天想先睡觉；我先喝一杯咖啡；我的资料还没有整理好……

拖延的习惯是很可怕的，它不但耽搁工作的进行，影响我们走向成功，而且常常会让我们产生精神负担——事情不能随到随做，随做随了，都堆在心上，既不去做，又不敢忘，实在比多做事情更加疲劳。

另外，做事有始无终，也会让自己有负债之感。无论大事小事，既已开始，就应勇往直前地把它做完。

假如你严肃地对自己做了承诺，那任何事都会变得比较容易完成。你的承诺也许是减轻体重、戒烟，或是看一本书。而且你对别人做承诺，如伴侣、朋友、老板，要比对自己做承诺有用得多。

对那些你尊敬及信任的人做个承诺，这样他们就可以帮你一起检查计划的实施过程、决定完成期限、评议最后的结果。因为当你向别人做出承诺之后，自然就会想到别人，而不只是想到自己的利益。你的关切、恐惧和忧虑已变成次要的事，最重要的还是别人的期望。这种态度的改变，可以帮助你改掉拖延的习惯。让别人一起分享你的成就，你就会觉得更加快乐。

看一看自己有没有未完成的事情？如果有，就把它们找出来整理一下，安心去完成。如果已经没有必要去做，就把事情彻底忘掉。做完这些后，我们会觉得非常轻松和快乐。

在很多时候，一些二十几岁的年轻人已经具备了知识、技巧、能力、良好的态度与成功的方法，懂得比任何人都多，却依然不能成功，最可能的原因就是行动速度不够快。一次只做一件事，而且决定了就做，是改掉拖延、懒散的坏习惯的最有效办法。

时间像水珠，一颗颗分散开来就会蒸发

有这样一种比喻：时间像水珠，一颗颗水珠分散开来，可以蒸发，变成烟雾飘走；集中起来，可以变成溪流，变成江河。只要你善于积累，"博观而约取，厚积而薄发"，就能实现心中的梦想。

华罗庚说："时间是由分秒积成的，善于利用零星时间的

人，才会做出更大的成绩来。"生活中有很多零碎时间是大可利用的，如果你能化零为整，那你的工作和生活将会更加轻松。

所谓零碎时间，是指不连续的时间或一个事务与另一事务衔接时的空余时间。这样的时间往往被二十几岁的年轻人忽略了。零碎时间短，但日复一日地积累起来，其总和将是相当可观的。凡在事业上有所成就的人，几乎都是能有效地利用零碎时间的人。

生物学家达尔文说过："我从来不认为半小时是微不足道的一段时间。"诺贝尔奖金获得者雷曼的体会更加深刻，他说："每天不浪费剩余的那一点时间。即使只有五六分钟，如果利用起来，也一样可以产生很大的价值。"把时间积零为整，精心使用，这正是古今中外很多科学家取得辉煌成就的妙招之一，值得我们借鉴。

你或许经常会感到时间紧张，没有时间做许多重要的事。其实，这不过是托词。

三国时期的董遇是个很有学问的人，前去找他求学的人很多，但他要求首先要"书读百遍，其义自见"。当求学者抱怨说"没有时间"时，他则回答说："当以'三余'即'冬者岁之余，夜者日之余，阴雨者晴之余'也。"这"三余"的利用，正是零碎时间的聚积。能以小积大，这是时间的独特之处。

汇涓涓细流方成浩瀚大海，积点滴时间而成大业。"点滴"的时间看起来很不显眼，但这些零零碎碎的时间积累起来却大有用处。有的人觉得，读书、写作、科研就得有大块时间，零散时间在他们看来是微不足道的，这样想的人，是永远做不成大事的。

我们常常这样说："噢，只有5～10分钟就要开饭了，什么事都干不了。"但实际上，一些伟人充分利用了这些被许多人轻易浪费的时间，从而为自己建立了人生和事业的丰碑。那些被你虚度的时光，如果能够得到有效利用，完全有可能使你成为杰出人物。

朗费罗每天利用等待咖啡煮熟的10分钟时间翻译《地狱》，他的这个习惯一直坚持了若干年，直到这部巨著的翻译工作完成为止。比彻在每天等待开饭的短暂时间里读完了历史学家弗劳德长达12卷的《英国史》。

休·密勒是一个石匠，赚钱养家糊口是他的天职。但在做好本职工作的同时，他把一些零零碎碎的时间积累起来阅读科学书籍，最终他根据自己和石头打交道的亲身经历写出了一本充满智慧和才气的著作。

《失乐园》的作者弥尔顿是一位教师，也是联邦秘书和摄政官秘书。在繁忙的工作之余，他依旧注意利用一些零碎的时间，坚持苦读。

以上事例说明，只要你善于利用零碎时间，持之以恒，完全可以成就一番大事业。

有人这样算过一笔账：如果每天用15分钟看书，一个中等水平的读者读一本一般性的书，每分钟能读300字，15分钟就能读4500字。一个月是135000字，一年的阅读量可以达到1620000字。而书籍的篇幅若以10万字计，每天读15分钟，一年就可以读16本书，这个数目是相当可观的，远远超过了世界上人均年阅读量，而且这并不难实现。

懂得零碎时间的价值是一回事，巧妙地运用零碎时间又是一回事。利用零碎时间，就要掌握下面几点技巧。

第一，嵌入式。即在空白的零碎时间里加进充实的内容。人们由某种活动转为另一种活动时，中间会留下一小段空白地带，如到某地出差时的乘车时间、会议开始前的片刻、找人谈话的等候时间等。对这种零碎的空余时间应该充分加以利用，做一些有意义的事情。

第二，并列式。即在同一时间里做两件事，如在做饭、散步、上下班的路上，都可以适当地一心两用。不少人在下厨房做饭时，仍能考虑工作问题；有的还准备好笔和纸，一边干活，一边构思，对工作有了新的想法，马上就记录下来。

第三，压缩式。即延长自己某次活动的时间，把零碎时间压缩到最低限度，使一项活动尽快转为另一项活动，免去很长的过渡时间。

如果你能按上面的方法坚持下去，就会大大提高自己对时间的利用率，在不变的时间内创造更大的价值。

　　小额投资足以致富的道理显而易见，然而，二十几岁的年轻人很少注意到，对零碎时间的掌握也足以助人成功。在人人喊忙的现代社会，懂得管理时间的人才可能多储存一份能量。

第9章

下定决心，让自己实现诺言

多数人在谈到自己的人生成功与幸福时，会归功于自己在二十几岁时就对人生充满期待，下定决心做一个不平凡的人，不虚度自己的一生。早早地和凡人结婚生子，辛辛苦苦地过日子，看到这种人的生活，大多数二十几岁的人应该感到可悲。克富洛夫说："现实是此岸，理想是彼岸，中间隔着湍急的河流，行动则是架在河上的桥梁。"

命运在自己的手里，而不在别人的嘴里

一个生活平庸的人，带着无数的困惑去拜访禅师。他问禅师："大师，您说真的有命运吗？""有的。"禅师回答他。"那您看，是否我命中注定一生贫困呢？"禅师让他伸出手，指给他看，"你看，这条横纹代表爱情，这条斜纹代表事业，这条竖纹代表生命和健康。"然后，禅师把他的手慢慢握起来，然后问他："现在这几根线在哪里？"那人迷惑地说："在我手里啊。"禅师微笑着问："那命运呢？"那人终于恍然大悟，原来自己的命运一直握在自己的手里。

上天对每一个人都是公平的，会在不同的人生阶段降给每个人不同的灾难和幸福。一个人能否化解灾难，能否享受幸福，取决于他能否凭着自己的努力来转变这种状况。别人的鼓励、赞同或是否定、嘲笑都不能改变你的命运，改变你命运的是自己的心态，只有心态端正，接受正面鼓励的信息，无视那些否定、嘲笑之词，凭着自己的双手才能改变自己的命运。

一个人适合做什么，命运怎样，只有他自己最清楚，也只有他自己可以改变。现实生活中的很多年轻人总是在怨天尤人，埋怨上天没有给他们天才的头脑，没有给他们灵巧的双手，埋怨父母没能给他们更好的生活，埋怨上天没有替自己选

择更好的出身和社会地位。其实，上天对任何人都是公平的。上天给了每一个人一种特有的才能，只不过有些人发现了，并通过自己的努力，把那项技巧开发出来了；而有些人则只顾着埋怨，或者懒惰，或者贪婪，或者没有机会，却忘了开发自身所特有的技巧。

就音乐方面来说，上天给了贝多芬很高的天分，但同时给予他的灾难也同样多，甚至超过了那一点天分。可是，通过对天分的充分开发，贝多芬取得了非凡的成就。贝多芬生于一个不幸的家庭，父亲碌碌无为且嗜酒如命，甚至连家人是否有足够的吃穿都从不过问。为了成全自己把贝多芬培养成为自己的摇钱树的愿望，他不惜打骂贝多芬，使贝多芬常常在疲倦和疼痛中睡去。

然而，当贝多芬刚刚获得成功的果实时，他突然发现自己正在逐渐失聪。那时，他才26岁，正是一个人最可能取得巨大成功的年龄。而一个音乐家的失聪代表着他视为生命的音乐，随时可能离他而去。

31岁时，贝多芬爱上了朱列塔·圭恰迪尔，可是她与一位伯爵结婚了，他曾为此写下遗书。面对这样的不幸，面对希望和热情、失望和反抗的交替经历，他却发出了"要卡住命运的喉咙"的呼声，最终为世界留下了大量的不朽作品。贝多芬通过自己的不懈奋斗，真正做到了把命运掌握在自己手里，用自己的意志抗拒了命运对自己的沉重打击和巨大不公。

我们有理由相信，只要自己愿意，完全可以过得更好。成熟的人会把上天给他的一切磨难作为考验，最大限度地实现自己的梦想，为自己的梦想负责。只有那些胆怯的、不负责任的人，才会为自己的不幸推卸责任，怨天尤人。实际上，不能更改的命运真的是少之又少。

其实，老天给予每个人的东西同样多，无论是才能还是灾难，所以每一个人在命运上都是平等的。所有的努力就是为了与那些命中注定的灾难抗衡，只要我们战胜了那些灾难，就可以打破命运的平衡，命运的天平就会向我们倾斜，好运也就会随之而来。

无论别人怎样评论你的努力，觉得你不够幸运，觉得你会徒劳无功，但你要自己坚持拼搏，不要在乎别人的评论。成功的人在大多数之外，绝不是因为大多数的人不够幸运，而是只有他们能够坚持己见，能够不顾及别人的眼光，在自己认定的路上走下去。因为，他们知道命运掌握在自己的手里，而不在别人的嘴里。

一个人的态度和行动决定了他的命运，虽然别人的鼓励是必不可少的，但它的作用是有限的。想要改变自己的命运，就要改变自己消极的态度，改变自己平庸的想法，改变自己瞻前顾后的习惯。

宁可败给别人，也不能输给自己

面对众人，如果有怕被人笑话的顾虑，首先就输给了自己。年轻人要过自己那一关，要勇于追求与众不同。当陈胜还是个普通农民却说出"燕雀安知鸿鹄之志"时，他肯定是受到众多的嘲笑的，但是他面对众人嘲笑的眼光，没有退缩，终于成就了自己的一番事业。

没有谁可以预见未来，大家要做的就是坚定自己心底的信念，不要被外界的嘲笑击倒。我们可以败给对手，败给力量强大的敌人，却不能输给自己的胆怯心理，更不能败给流言，败给多疑心，败给时间。最可能成功的人，就是那些坚信自己的理论是正确的人，即使现在不正确，也会在未来的一个时间内变得正确，因为他们的眼光看得更远，看得清未来的趋势。当然，因为他们思想的超前性，可能会使他们受到无情地嘲讽，而只有顶住那些嘲讽，才可能有更大的成就。

1814年，史蒂芬孙根据蒸汽机的原理，研制出世界上最早的蒸汽机车。但他所研制出的蒸汽机车丑陋笨重，走得很吃力，像个病魔缠身的怪物。面对构造简单、震动厉害、速度缓慢的蒸汽机车，英国的贵族们驾着漂亮的马车与火车赛跑，并讥笑史蒂芬孙说："你的火车怎么还没有马车快呀？"

然而，史蒂芬孙没有被这些论调击败，他坚信火车一定能够超过马车，具有远大的前途。他以科学的态度，针对火车的缺陷，做了一系列改进和革新，历经11年的努力，终于在1825年9月，再次进行了试车表演。而这次，好事者的马车被远远甩在身后。

比尔·盖茨当初转行做计算机时，人们也根本不相信计算机可以像一般家用电器一样普及使用，他的同学甚至嘲笑他在异想天开。如果你能够不败给别人嘲笑的眼光，坚定自己的信念，坚持自己的判断，终有一天，你会走在时代的前面。第一个"吃螃蟹"的人往往在人们不理解的眼光中被看作"疯子"。如果你败给了世俗的眼光，败给了自己的畏惧，那么连你自己都会觉得羞愧。

最可能成功的人，就是那些在大家眼里看起来不可思议的人。往往笑到最后的人，才是真正的强者，可并不是每一个人都能笑到最后，这其中的大多数人并不是被自己的对手打败，而是被自己的思想打败，被自己的感觉打败。当我们找不到人生的出路时，当我们感觉不到光明的希望时，焦灼、恐慌及畏惧就会逐渐占领我们的心，让我们在被敌人打败前，就先被自己打败了。

一支小分队在一次行军中，遭到敌人的突然袭击。混战中，有两名战士冲出了敌人的包围圈，结果却发现进入了沙漠。走至半途，水喝完了，没受伤的战士把枪交给了受伤的人，并一再叮咛他："枪里还有5颗子弹，我走后，每隔一小时你就对空中鸣放一枪。枪声会指引我前来与你会合。"然后去寻找水源了。躺在沙漠中的战士却满腹狐疑：同伴能找到水吗？能听到枪声吗？会不会丢下自己这个"包袱"独自离去？

夜幕降临了，枪里只剩下一颗子弹，受伤的战士确信同伴早已离去，自己只能等待死亡。结果，他彻底崩溃了，把最后一颗子弹送进了自己的太阳穴。可就在枪声响过不久，同伴提着满壶清水，领着一队骆驼商旅赶来，却找到了一具尚有余温的尸体……那位战士冲出了敌人的枪林弹雨，却死在了自己的枪口下。

在人生的旅程当中，不少人常常不怕和别人争斗，却害怕寂寞和劳而无获。他们总担心自己的努力会付之东流，总担心自己的坚持换来的是一场空，从而害怕自己的判断会失误，害怕自己所有的奋斗都会失败，害怕看到失败后人们同情的目光，害怕失败的后果是自己不能承担的，于是，他们选择了逃避。逃避成为优秀的人，逃避让自己与众不同，逃避努力，最终使他们自己放弃了成功的可能。

要成就大事，就必须接受人们的不理解。然而，只有坦然接受人们不认同的目光，才能坦然接受心理的煎熬。有了这种心理准备，才有可能获得成功。一个成熟的人就是无论别人怎样不接纳自己，自己都会接纳自己、爱自己，并坚持自己的观念，从而不被自己打败。

能成功者得益于志存高远

二十几岁，正是为人生目标开始奋斗的年龄，年轻人要规划好自己的人生并为之努力奋斗。努力之后，必当有守得云开见月明之日，而中途的苦难已不复存在。

成功者之所以成功，得益于志存高远。人生的路上，有阳光明媚的清晨，也有雾霭弥漫的傍晚；有大雨滂沱的冲刷，也有阴雨绵绵的滋润。交织着忽高忽低之情境的人生才精彩，并能历练一个人的意志和灵魂。信念坚定、志在成功者，才能专注人生奋斗的脚步，而不是左顾右盼于人生的困难。

当今社会竞争激烈，唯有真正的强者、有实力的人才能经得起社会风雨的洗礼，而实力就来自一个人的志向，"我成功因为我志在成功"，燕雀与鸿鹄的人生高度不一，所以它无法明白后者的志向。古人云，立长志，而非常立志。立长志的人才能为未来奋斗，抛开困难向前冲，直达成功的彼岸。

"有志者事竟成，破釜沉舟，三千越甲可吞吴"，这就是越王勾践的志向，卧薪尝胆对于他来说，并不是困难，因为志在复国；诺贝尔在研制炸药时，一次意外的爆炸让他的亲人离他而去，他没有放弃，因为他志在致力于人类和平。他们都成功了，即使在困难重重的时刻，他们也凭借着明确的志向与坚定的信念，最终硕果累累。

从前，有个年轻人，总是希望事业能成功，成为众人瞩目的对象，可他平时总是三天打鱼两天晒网，没有一个明确的人生目标。他的父亲发现了儿子的弊病。

有一次，他要在房间里钉一幅画，请父亲来帮忙。画已经在墙上扶好，正准备钉钉子，他突然说："这样不好，最好钉两个木块，把画挂上面。"父亲遵循他的意见，让他帮着去找木块。

木块很快找来了，正要钉，他说："等一等，木块有点大，最好能锯掉点。"于是便四处去找锯子。找来锯子，还没有锯两下，"不行，这锯子太钝了，"他说，"得磨一磨。"

他家有一把锉刀，锉刀拿来了，他又发现锉刀没有把柄。为了给锉刀安把柄，他又去屋子后边的一个灌木丛里寻找小树。要砍下小树，他又发现那把生满老锈的斧头不能用。他又找来磨刀石，可为了固定住磨刀石，必须得制作几根固定磨刀石的木条。为此他又让父亲去找一位木匠。

这时候，他的父亲说："孩子，你这样永远挂不上一幅画，就像总是说自己要成功一样，怎么样才是成功呢？一个人只有立长志，然后为自己的志向奋斗，才会离成功越来越近，最终实现自己的梦想，你连自己到底要做什么都不知道，哪里谈得上成功呢？"

年轻人经过父亲的这般教诲终于醒悟过来，自那以后，他立志做一名画家，为了实现这个梦想，他在山上向一位画坛名人求教数年，勤奋苦学，终于成为当地出名的画家。

空谈义理者绝不会成功，他们只会高喊着成功的口号，却不知道自己的目标在哪里，这是一种悲哀。所以，年轻人要想成功，就必须立志，只有了解人生的航向到底在何方，才谈得上奋斗和努力。

有志者，必当有坚定的信念，即使遭遇逆境和困难，也无法阻挡他们奋斗的决心，正如唐代诗人王勃的那句："穷且益坚，不坠青云之志。"

古之成大事者，不唯有超世之才，亦必有坚忍不拔之志。逆境中，他们的重心是为目标奋斗，而不是愁苦于眼前的困难，困难只是成功路上的风景，本末倒置就会陷入泥潭不能自拔，最终与成功无缘。

物理学大师牛顿，出生在英国的一个村庄里。在他刚刚出生两个月时，父亲就去世了，留下孤儿寡母艰难地生活着。牛顿两岁时，母亲改嫁给了一个刻薄的单身汉，他不肯收留牛顿这个"拖油瓶"，母亲无奈只好把小牛顿托付给年老的外婆。从此，祖孙俩艰难度日。外婆对这个可怜的小外孙很关爱，后来还送他进小学读书。当牛顿长到14岁时，继父又因病去世。母亲带着3个孩子回到外婆家。继父没有留下什么财产，全家人的生活更加艰难。为了生计，母亲不得不叫牛顿停止读书，在家操持家务，种田放牛。牛顿很体谅母亲的难处，但他不肯放弃求知成才，于是他坚持刻苦学习，千方百计地挤出时间读书，外出放牛羊也带着书本，有时看书入了迷，牛羊跑到地里吃了许多庄稼，甚至跑到很远的地方，他也毫无察觉。他这种好学精神感动了舅父，在舅父的劝导下，母亲终于同意牛顿回到学校读书。由于成绩优良，牛顿提早中学毕业，18岁考入英国剑桥大学，就此走上了他的成才之路。

　　成大事者，必然有超人的斗志，能成功者必因其志在成功，而不是把目光放在奋斗路上的小插曲上。当然，成功的前提是要有明确的目标，然后为之奋斗。所以，年轻人应做个有志者，立长志，不要太在意奋斗路上的困难，放开困难的羁绊，然后奋力拼搏。天行健，君子以自强不息，志在成功，才能自强，才能有不息的奋斗精神！

人之所以能，是因为相信能

　　人之所以能，是因为相信能。所谓"事实证明我不行"，不过是有几次偶尔的挫折和失败，它们并不能代表生活的全部，更不代表你永远失败。你完全可以通过改变外在条件，或提高内在能力，否定"事实证明我不行"。

　　在学校的体育课上，你或许会有这样的经历：当一根横杆摆在面前时，如果你鼓励自己说"我一定可以越过去"，那么你可能跨越横杆，也可能不小心带倒它，功亏一篑；可如果在没跳之前，你心里先打了"退堂鼓"，认为自己绝对不行，那么你的试跳极可能会失败。这件事告诉二十几岁的年轻人，虽然我们的素质不同，能力有高有低，但是"不可能"3个字，是你为自己的成功人为设置的一道障碍。

玛丽·凯是一家世界著名的化妆品公司的创始人，她为自己的化妆品公司设计的吉祥物是大黄蜂。"由于它弱小的翅膀和笨重的身体，从空气动力学的角度讲，大黄蜂应该不能飞行。但是大黄蜂不知道这些，所以它可以自由地飞来飞去。"

我们有时会在自己的头脑中给某些潜能设立极限，以为我们无法超越它。实际上，正是这种预先设立的极限妨碍了我们潜能的发挥。只有学会打破它们，在还没有做之前，先不要说不可能，即使在做的过程中遇到了挫折，也不要轻易放弃，才能突破现实的障碍，开拓出一片新的天地。乔治·丹特齐格是斯坦福大学运算研究和电脑科学教授，下面是他很有启发性的一段经历。

当时乔治·丹特正在加利福尼亚大学伯克利分校数学系攻读硕士学位。有一天，他像往常一样又迟到了。进了教室后，他便匆匆忙忙地抄下黑板上的两道数学题，他以为那是教授留下的家庭作业。那天晚上，在他坐下来解这两道数学题时，他感觉到这是教授有史以来留的最难的家庭作业。他冥思苦想了几个晚上，在试着解第一道题无果后，又试着解第二道题，仍然无法得出结果。可他仍然坚持着。

几天后，他终于取得了突破性的进展，解出了那两道题。

他将作业带到教室，教授告诉他把作业放在他的桌子上，当时桌子上已经高高地堆满了纸张，他很担心自己辛辛苦苦完成的作业会被夹在这些杂乱无章的东西中弄丢了，但还是很不情愿地将作业放在了那里。

很久之后的一天早上，一阵巨大的敲门声将他从梦中惊醒，他很吃惊地发现敲门的竟然是教授。"乔治，乔治！"教授喊到，"你把它们解出来了！"

乔治说："是的，我当然解出来了，那不是你留的作业吗？"经过教授解释，乔治才知道，原来黑板上的那两道题不是家庭作业，而是数学界著名的难题，多年来许多有名的数学家都没能解决它们。教授几乎不敢相信乔治在短短的几天时间里就解开了这两道题。

事后，乔治说："如果有人事先告诉我这是两道非常著名的数学难题，或许我根本就不会试着去解它们了。"由此看来，如果我们事先认为某事是不可能的，我们就不会采取积极的态度，也不会全力以赴寻找解决的办法。结果，那件事就真的变成不可能的了。反之，如果我们事先并不把它当成不可能的，我们就会想方设法，调动一切可能的力量去解决它，最终很可能会取得意想不到的成功。

在生活中，由于自己碰过壁，或者由于别人不断向你灌输某种"你不行"的理念，本来颇有能力的人，也容易产生"四面八方都通不过"的感觉，最终干脆放弃努力。应该警惕的是：所谓"事实证明我不行"，不过是有几次偶尔的挫折和失败，它们并不能代表生活的全部，更不代表你永远失败。你完全可以通过改变外在条件，或提高内在能力，否定"事实证明我不行"。多试几次，也许你会创造出原来想象不到的奇迹。

那些最大的成功者，总是敢于在风口浪尖上考验自己，将"我不行"3个字从字典中删除。他们不接受外界加给自己的"不行"，更不允许自己打击自己。在别人觉得最不可能成功的地方，他们最终取得了别人无法想象的成功。

清朝末年，孙中山留学归来途经武昌总督府，想见湖广总督张之洞。他递上"学者孙文求见之洞兄"的名片，门官将名片呈上。张之洞很不高兴，问门官来者何人？门官回答是一位儒生。张总督拿来纸笔写了一行字，叫门官交给孙中山：持三字帖，见一品官，儒生妄敢称兄弟。这分明是瞧不起人。孙中山只微微一笑，对出下联：行千里路，读万卷书，布衣亦可做王侯。张之洞一见，不觉暗暗吃惊，急命大开中门，迎接这位风华正茂的读书人。请问对这样一个心无畏惧，勇敢地向高峰冲刺的人，谁能抵挡呢？

其实，每个人身上都蕴藏着巨大的能量，同时也蕴藏着信心，而一个人在二十几岁时，往往并不知道自己有多大的能力。如果充分挖掘自己的信心，相信自己的才能并不断努力，你潜在的能量就一定会被挖掘出来，并使你的人生变得无限光明，最终做出一番令人赞赏的业绩。

如果你毫无自信、优柔寡断，不敢超越环境和自我，你的生活就会黯淡无光。越是期望奇迹来挽救自己的人，越是不会创造奇迹，生活中美好的事物历来只和敢于正视现实、迎接挑战的人结伴同行。无论二十几岁的年轻人的追求是什么，先相信自己完全有能力做到，你就成功了一半。

人生的突破，躲在异想天开之后的行动上

苦思冥想，谋划如何有所成就，并不能代替获得成功的实践。不肯行动的人，只是在做白日梦。拿破仑说过："想得好是聪明，计划得好是更上一层的聪明，而做得好是最聪明、最好的。"任何伟大的目标、伟大的计划，都应该落到实际行动中。

美国著名成功学大师马克·杰弗逊说："一次行动足以显示一个人的弱点和优点，能够及时提醒此人找到人生的突破口。"毫无疑问，那些成大事者都是勤于行动和巧妙行动的大师。在人生的道路上，二十几岁的年轻人需要的就是：用行动来证明和兑现曾经心动过的金点子！

行动是一个敢于改变自我、拯救自我的标志，是一个人能力有多大的证明。心里想、口中说，都是虚的，不能创造出实际的东西。其实，相对于付诸行动来说，制定目标更容易。许多二十几岁的年轻人都为自己制订了目标，从这一点上说似乎

人人都像一个战略家。但是，相当多的人制定了目标之后却没有落实，不敢采取行动，结果到头来仍是一事无成。

有一位满脑子都是智慧的教授和一位文盲相邻而居。尽管两人地位悬殊，知识、性格更是有着天壤之别，可是他们都有一个共同的目标：如何尽快发财致富。

每天，教授都跷着二郎腿在那里大谈特谈他的"致富经"，文盲则在旁边虔诚地洗耳恭听。他非常钦佩教授的学识和智慧，并且按照教授的致富设想去付诸实际行动。

几年后，文盲成了一位货真价实的百万富翁。而那位教授依然囊空如洗，还在那里每天空谈他的致富理论。就像人们所说的那样，"教授教授，越教越瘦"了。

你必定会为教授的愚蠢而发笑，却不会想到，类似的事情在你身上也可能发生。你是否也常常渴望成功，却没有为成功做出过一丝一毫的努力呢？

于是缺乏决心与实际行动的梦想开始萎缩，种种消极与不可能的思想衍生，甚至就此不敢再存任何梦想，过着随遇而安、乐于知命的平庸生活。

因此，要想获得成功的果实，不能只停留于想象，有了想法就要行动，只有将想法付诸行动，并全力以赴地去做，才有可能获得成功的锦标。

一位侨居海外的华裔大富翁，小时候家里很穷，在一次放学回家的路上，他忍不住问妈妈："别的小朋友都有汽车接送，为什么我们总是走回家？"妈妈无可奈何地说："我们家穷。""为什么我们家穷呢？"妈妈告诉他："孩子，你爷爷的父亲，本是个穷书生，十几年的寒窗苦读，终于考取了状元，官达二品，富甲一方。哪知你爷爷游手好闲，贪图享乐，不思进取，坐吃山空，一生中不曾努力干过什么，因此家道败落。"

"你父亲生长在时局动荡战乱的年代，总是感叹生不逢时，想从军又怕打仗，想经商又错失良机，就这样一事无成，抱憾而终。临终前他留下一句话：大鱼吃小鱼，快鱼吃慢鱼。"

"孩子，家族的振兴就靠你了，干事情想到了、看准了就得行动起来，抢在别人前面，努力地做了才会有成功。"他牢记妈妈的话，以十亩祖田和三间老房子为本钱，位列今天《财富》华人富翁排名榜前5名。他在自传的扉页上写下这样一句话："想到了，就是发现了商机，行动起来，就要不懈努力，成功仅在于领先别人半步。"

也许你早已经为自己的未来勾画了一个美好的蓝图，但它同时也给你带来了烦恼，你感到自己迟迟不能将计划付诸实施，你总是在寻找更好的机会，或者常常对自己说：留着明天再做。这些做法将极大地影响你的做事效率。因此，要获得成功，必须立刻开始行动。任何一个伟大的计划，如果不去行动，就像只有设计图纸而没有盖起来的房子一样，只能是一个空中楼阁。

1989年4月，香港女作家梁凤仪发表了她的第一部小说《尽在不言中》，一出版便一炮打响，让她的"财经系列小说"有了一个好的开始。

此后，她开始以令人难以置信的速度，以近乎批量生产的方式，系统地开始创作小说。

1990年，梁凤仪写出了《醉红尘》等6部长篇小说。1991年，她更上一层楼，竟然一时间出版了《花帜》等一系列作品。

当时，梁凤仪的财经小说发行量特别大，在港台地区刮起了一阵猛烈的"梁旋风"。

梁凤仪心中一动，既然自己的小说如此受欢迎，如此能创造经济效益，为什么不自办出版社呢？说干就干，于是，她亲任董事长和总经理，成立了香港"勤+缘"出版社。

"勤+缘"出版社获得了很大的声誉，由此而来的是巨大的经济效益。仅仅在建社的一年半以后，"勤+缘"出版社便收回了"八位数字"的投资，并在两年以后，一跃成为香港3家营业额最高的出版社之一。

如果没有梁凤仪的那心中一动，就不会有"勤+缘"出版社的诞生，更不会有今天它的壮大和辉煌——这说明，很多时候，成功的源头就躲在那些异想天开的一念之间，藏在那些一闪即逝的灵感火花之后。

想法固然重要，但若没有她的说干就干，心动之后马上行动，即使有千万次的心动，一切也都不会发生，不过都是水中月、镜中花罢了。

　　这说明不管我们有了怎样的想法，无论是实际的，还是看似荒唐的，只有拥有必胜的决心，再配合确切的行动，才有成功的可能。

　　立刻行动起来，不要有任何的耽搁。二十几岁的年轻人必须要知道，世界上所有的计划都不能帮助你成功，要想实现理想，就得赶快行动起来。成功者的路有千条万条，但是行动是每一个成功者的必经之路，也是一条捷径。

　　一旦你坚定了信念，就要在接下来的24小时里马上行动。这会使你前行的车轮运转起来，并创造你所需要的必要的动力。一位演讲家曾经说过，说空话只能导致你的一事无成，要养成行动大于言论的习惯，那么即使是很艰难、很巨大的目标也能够实现。

　　所以，要记住："现在"就是行动的时候。行动可以改变一个人的态度，因为凡事都不去行动，就不会知道自己的智慧和能力。而采取了行动，你的潜能就会随着行动发挥作用，辅助你由消极转为积极，让你在每天的行动中都享受到成就带来的满足。

人生的差别，在于能否再坚持一下

　　对于有志气的人来说，不论面对怎样的困境、多大的打击，他都不会放弃最后的努力。因为成功与失败之间的距离，并不是一道巨大的鸿沟，它们之间的差别只在于是否能够坚持下去。

明朝杨梦衮说："作之不止，可以胜天。止之不作，犹如画饼。"这句话告诉我们坚持下去的道理：世上的事，只要不断努力去做，就能战胜一切，取得成功。但如果停下来不做，就会和画饼充饥一样，永远达不到目的。

这是个浅显的道理，但二十几岁的年轻人在生活中常常会忘记。二十几岁的年轻人都渴望成功，人人都想得到成功的秘诀，然而成功并非唾手可得。我们常常忘记，即使最简单的事，如果不能坚持下去，成功的大门也不会轻易地开启。除了坚持不懈，成功并没有其他秘诀。

年轻人常有"为山九仞，功亏一篑"的遗憾，正是因为我们在距离成功一步之遥时却放弃了努力。所以浅尝辄止，遇难就退，是做事的大忌，也是人生失败的致命原因。

有一个人，想在自己的田地里挖一口井，用来浇灌农作物，于是请来了会看水线的地理先生。先生为他指定了一个位置，于是他便在那个位置不停地往下挖，可挖了很长时间都没有挖到水。他就去找那个地理先生询问，地理先生说这里地下水的水位低，让他继续挖，但是他没有听从地理先生的话，选了另一个地方挖，他总觉得水在别处，结果几乎挖遍了整块地，也没挖到水。

任何目标的实现，都需要你一点一滴地付出，持之以恒地坚持。这种付出和坚持的过程可能很累，如果你坚持下来，就是成功，如果你无法坚持，就会像那个挖井人那样，快挖到水位时，又弃之而去，那么成功的可能性就很小。

成功只有两条秘诀：第一，坚持到底，绝不放弃，绝不认输；第二，当你想要放弃时，就回过头来看看第一条。

你知道石匠是怎么敲开一块大石头的吗？

石匠所拥有的工具只不过是一个小铁锤和一支小凿子，可是这块大石头硬得很。当他举起锤子重重地敲下第一击时，没有敲下一块碎片，甚至连一丝凿痕都没有，可是他并不在意，继续举起锤子一下再一下地敲，100下、200下、300下，大石头上依然没出现任何裂痕。

可是石匠还是没懈怠，继续举起锤子重重地敲下去，路过的人看他如此卖力而不见成效却还继续硬干，不免窃窃私语，甚至有些人还笑他傻。可是石匠并未理会，他知道虽然所做的没有立即看到成效，不过那并非表示没有进展。

他又挑了大石头的另一个地方敲，一锤又一锤，也不知道是敲到第五百下还是第七百下，或者是第一千零几下，他终于看到了成效，那不是只敲下一块碎片，而是整块大石头都裂开了。

难道说是他最后那一击使得这块石头裂开的吗？当然不是，而是他连续敲击的结果。如果我们能时刻保持不断努力实现目标的决心，犹如那把小铁锤，一直不停地敲着，就能敲碎一切横在成功旅途上的巨大石块。

是的，凡是成功地将愿望转变为财富的人，都有一种百折不挠、勇于进取的毅力，这是一切成功之源。

美国海岸警卫队有一名厨师，空余时间，他代同事们写情书，写了一段时间以后，他觉得自己突然喜欢上了写作。他给自己订立了一个目标：用2~3年的时间写一本长篇小说。每天晚上，当大家都去娱乐时，他却躲在屋子里不停地写。这样整整写了8年以后，他终于第一次在杂志上发表了自己的作品，可这只是一个小小的豆腐块而已，稿酬也只有100美元。但是他没有灰心，相反他从中看到了自己的潜能。

从美国海岸警卫队退休以后，他仍然不停地写。虽然稿费甚微，欠款越来越多，有时，他甚至买不起一个面包，但他仍然锲而不舍地写着。

又经过了几年的努力，他终于写出了预想的那本书。为了这本书，他花费了整整12年的时间，忍受了常人难以承受的艰难困苦。而且因为不停地写，他的手指已经变形，他的视力也下降了许多。

然而，他成功了。小说出版后立刻引起了巨大轰动，仅在美国就发行了160万册精装本和370万册平装本。这部小说还被改编成电视连续剧，观众超过了1.3亿人，创下了电视收视率历史最高纪录。这位作家获得了普利策奖，收入一下子超过500万美元。

这位作家的名字叫哈里，他的成名作就是我们今天经常读到的《根》。

要想成就一番事业，就得付出坚强的心力和耐性，并且在失败面前要有"再努力一次"的决心和毅力。唯有如此，成功才有可能青睐你。而值得注意的是，你在一步步前进的时候，千万别对自己说"不"，因为"不"也许会动摇你的决心，使你放弃目标，使你像大多数人那样，半途而废，前功尽弃。

古希腊有这样一个神话。为了让妻子起死回生，俄耳甫斯用琴声感动了地府的守门官，他被允许带领妻子重返人间。但条件是要求他必须有恒心和毅力，在走出阴府之前，不能为苦所惧，为情所动，不能回头看妻子一眼。俄耳甫斯历经千难万险之后，气喘吁吁，力倦神疲，在即将踏上人间土地的时候，他停了下来，禁不住回头看了看妻子，结果一切努力顿时付之东流，他那可爱的妻子又不得不被带回了冥国。因缺乏毅力而功亏一篑，天神宙斯也不禁为之扼腕，于是将那只琴抛向空中，化为星座。

有些事情，并不需要你付出多大的努力，只要你坚持不懈，就会成功。比如疯狂减肥的人，总是会失败，不但停止减肥后体重会恢复，还会对身体造成伤害。如果每天保持适当的锻炼，只要持续，反而更容易瘦下来。所以，当你确立了自己的目标后，一定要坚持不懈地去实现。不要为自己找借口，不要为外界所诱惑，也不要急于求成，只要你坚持到底，就一定会摘到成功的硕果。

最后，让我们以英国首相丘吉尔在牛津大学毕业典礼上的致辞与二十几岁的青年朋友共勉：

（经过隆重冗长的介绍以后，丘吉尔走上讲台，先注视观众沉默了片刻，然后，以洪亮的声音说）"永远，永远，永远不要放弃！"（接下来又是长长的沉默。然后，他又一次强调）"永远，永远，永远不要放弃！"

第10章

看准一个机会，命运靠自己转弯

　　想法支配行动，行动制造机会，机遇是二十几岁的你逃出困境的跳板。成功者并不是机遇的宠儿，他们的成功是因为他们善于发现机会、把握机会。一个事业上没有取得成功的人，常把自己的失败归咎于没有机会，实际上机遇无处不在。抱怨没有机会的人，是因为不善于认识机会和发现机遇，他们一心要摘取远处的玫瑰，反而将近在脚下的菊花踩坏。人生实际上就是一个不断选择的过程，不同的选择就使人生轨迹发生了不同的变化。面对机遇，要开动你全部的智慧，做出最正确的判断。不要错过机遇，不要在等待中丧失机遇，果敢地行动是抓住机遇最有效的措施。

像下跳棋一样想办法"一步登天"

谁做事有效率，谁的业绩高，谁能帮公司渡过难关或者更上一层楼，谁才能更快地得到升迁。

长辈经常告诫我们做事要安分守己，要一步步来，不要奢望"一步登天"，赚钱也要一点点积累，不要奢望"一夜暴富"。确实，我们做事的确要踏实、安稳，从小事做起，戒浮躁。但不一定非要"安分守己"地等待升迁，我们一定要想办法，找机会，让自己像下跳棋一样"一步登天"。

二十几岁的年轻人往往思想活跃，我们一定要利用这个优势。在踏实做事的基础上，尽量寻找机会，用自己独特的创意、想法帮到公司。这样才能做到"不飞则已，一飞冲天；不鸣则已，一鸣惊人。"

一个生产牙膏的公司，在销售上遇到了瓶颈，尽管它们的质量很不错，售后服务也很周到，但无论如何，它们的销售量也不能再增大了。因为市场是一定的，他们已经努力让自己的产品在市场上占到了很大份额。

公司的上层召集销售部门开会，希望他们能制定出一个决策，让他们的销售量扩大。领导们苦思对策，有的建议降低牙膏的销售价格，虽然销售量可能上去，但同时利润也更低了，并且消费者也不能从中得到很大好处。有的建议提高牙膏的质量，可那并不能马上实现。问题是怎样让自己的产量不必降低，市场份额不必扩大，却能把库存消耗掉。这时，一个年轻的销售员提出了一个好方法"把牙膏的出口扩大一毫米"原来他注意到，每个人挤牙膏时，都会挤出一定的长度，如果在长度不变的情况下，让牙膏口的直径扩大一毫米，那么每个人每次用到的牙膏量就会增加，那么大的市场，每天就要消耗掉更多的牙膏，自己的销售额自然能够上去。销售员的方法得到了采纳，很快销售员就变成了销售部经理。

他是怎样思考的呢？为什么他能想出这样的好方法？因为他利用了逆向思维。大家都想到的是改变自己，以得到消费者的认可。可他想到的是改变消费者的需求量，有了需求，市场占有率与销售额自然而然就会得到提高。

如果你希望自己能够像他那样，把握住机会，"一飞冲天"，就要在平时多留心观察生活，多思考，让自己的思维变得活跃、宽广，这样才能在关键时刻想出更好的方法。

"安分守己"等待升迁，是一种被动的做事方法，随着经济浪潮的冲击，已经不是谁的资格老、做事多谁就可以得到升迁。而是谁做事有效率，谁的业绩高，谁能帮公司渡过难关或者更上一层楼，谁才能更快地得到升迁。不要以为那些事与你无关，做决策、想办法是领导层的责任，这样的想法是消极的。我们一定要用积极的想法去做事情、想事情，要对公司有主人翁的意识：既然我是公司的一员，我就有责任帮公司想办法提高利润，我有责任让公司变得更壮大。只要你有了这样的意识，做事自然就会努力，会想尽一切办法帮助公司。如果你只想着自己的升迁、薪水，做事就会没有动力。

要想自己做得好，就要把职业当成事业来做。很多人不明白其中的微妙区别：如果有一个小店，你是老板，自然就会格外卖力，希望把它经营好；如果你是个雇员，就会得过且过，反正工资照发，利润多少与你无关。为什么有这么大的差别？因为前者是在做事业，而后者是在做职业。我们只有把做事业的心拿来做职业，才会更加热情，更加努力，更有想法。

在现代，"等待升迁"已经变成了消极做事的同义词，我们要学会主动出击，而不是慢慢等待。等待会消耗掉我们做事的激情，会影响我们做事的动力。我们一定要让自己时时刻刻处在前进中，而不是等待中。我们要学会不等待升迁，而让升迁职位来等待我们。

职位是死的，人是活的，如果人为了一个职位去做事，就会让自己的胸怀变窄，格局变小，最终他就可能变成一辈子为了职业、升迁、薪水等小事庸庸碌碌、一事无成的人。格局决定结局，我们一定要拿出做事业的心态和胸怀来做职业才可能让自己得到更大的发展，用别人的资源，练自己的兵，怎么都很划算。如果我们得到了做事业的思想观念和经验，那么还有比这更吸引人的职位吗？还有比这个更值得我们努力的事吗？

所以，我们一定要站在高处看事情，用更宽广的胸怀想事情，才能不断拓展自己的视野。万事没有不可能，只要你做了足够的准备，就等待"好风凭借力，送你上青云"吧。

年轻的朋友，不要"安分守己"地等待升迁，要像下跳棋一样想办法"一步登天"。只要我们万事留心，多思考，开动脑筋，变被动等待为主动出击，就一定能找到"一飞冲天"的机会。

善于识别时机，学会抓住时机

机遇广泛存在于生活中，但它的存在不是显露的，也就是说，并不是每一个人一眼就能看到它的身影，从而捕捉到它。机遇的存在是潜隐的，它隐藏于纷繁复杂的社会生活之中，只有以敏锐的眼光、积极的行动才能撩开笼罩在它头上的神秘面纱，发现它俏丽的身影，从而捕捉到它并利用它，将其变为宝贵的物质财富。

二十几岁的年轻人要想在生活中获得成功，除了要受过良好的教育和本身具有的充沛的精力外，还要学会在时机来临之前识别它，在时机溜走之前就采取行动。

海龟和海星各自从东海里采摘到了一颗美丽的珍珠。它俩商量好由海龟拿着这两颗珍珠到矮人国去，想在那里卖个好价钱。可海龟到了矮人国后，无论是皇后还是村妇，没有一个人正眼瞧那两颗珍珠一眼，就更别说有人买了。

海龟只好沮丧地带着珍珠又回到了东海。

海星见珍珠没有卖掉，便决定自己带着珍珠再去一次矮人国。没过几天，海星便带着大把钞票回到了东海。

"你是怎么把珍珠卖掉的？"海龟吃惊地问。

"很简单，我抓住了一个最佳时机。"海星回答道。

原来，海星到了矮人国后，两颗珍珠依然无人问津。经了解，才知道矮人国是一个崇尚俭朴的国家。上至皇后，下到平民百姓，都节俭过日，海星因此也很失望。但就在它决定无功而返时，却突然得知第二天是皇后60大寿，即将举国同庆。于是，海星灵机一动，决定抓住这个机会再努力一次。

第二天，海星带着两颗珍珠来到了皇宫，并对国王说："我知道你们举国崇尚俭朴，连皇后也不例外。国王今天何不买下这两颗珍珠，亲赐给皇后，一来为她祝寿，二来表彰皇后节俭的品德呢？"

"啊，这真是个好主意！皇后的确应该得到这样的赏赐。"本来心情极佳的国王听海星这么一说，立即忘记了自己曾经颁布的节俭条例，用巨款买下了那两颗珍珠。

海星之所以成功，就是因为在恰当的时候，抓住了恰当的时机。

罗丹说："生活并不是缺少美，而是缺少发现的眼睛。"

同样，生活并不缺少机遇，关键是能否识别时机、把握时机，这才是成功的关键。当然，做事并不需要把握所有的时机，如果 10 个机会你抓住了一个，你就可能成为成功者。

要抓住机遇，首先必须发现机遇。生活中处处充满机遇，社会上的每一项活动、报刊上的每一篇文章、人际中的每一次交往、生活中的每一次转折、工作中的每一次得失等，都可能给你带来新的感受、新的信息、新的朋友，都可能是一次选择、一次机遇，是一次引导你走向成功的契机，问题在于你自身的素质，在于你是否能发现每一次机遇。不要以为机遇难寻，其实机遇就在我们身边，甚至就在我们手上。

很多年前，美国穿越大西洋底的一根电报电缆线因破损需要更换，这则小消息平静地传播在人们之间。但是一位不起眼的珠宝店老板没有等闲视之，毅然买下了这根报废的电缆。

没有人知道小老板的意图，认为他一定是疯了，异样的目光惊诧地围绕着他。

小老板关起店门，将那根电缆洗净、弄直，然后剪成小段的金属段，并装饰起来，作为纪念物出售。

大西洋底的电缆纪念物，还有比这更有价值的纪念品吗？

这样他轻松地发迹了。他又买下欧仁皇后的一枚钻石。淡黄色的钻石闪烁着稀世的光彩。

人们不禁要问：他是自己珍藏还是抬高价位转手？

他不慌不忙地筹备了一个首饰展示会。观众当然是为皇后的钻石而来的。

可想而知，梦想一睹皇后钻石风采的参观者会怎样蜂拥着从世界各地接踵而至。他几乎坐享其成，毫不费力就赚了大笔的钱财。

他就是美国赫赫有名、享有"钻石之王"美誉的查尔斯·刘易斯，一个磨坊主的儿子。

查尔斯·刘易斯无疑是一个善于抓住机遇的高手，他目光锐利，判定一根报废的电缆中蕴含着一个巨大的商机，并把这次机遇当作自己事业腾飞的平台，乘着机遇的东风冲天而起，在商海大展身手。

现在社会上到处都是失业者，他们不停地抱怨经济不景气，从而导致了他们失业，却不知道寻找机会重新就业。事实上，也有许多空缺岗位急需人员上岗。在报纸上、人才市场上到处都是"急聘"的广告，可这些失业者不知道去抓住这些机会。

一些失败者的口头禅也常是："我没有机会！"他们总是为失败找借口，好职位也总是让他人捷足先登。而那些保持头脑清醒的人则绝不会找这样的借口，他们不等待机会，而是去寻找机会、创造机会，并善于抓住哪怕是一个微小的机会，从而让自己登上成功的舞台。

不过，懂得把握最佳时机是一个人综合素质、综合能力的具体体现。因为再坏的时机，也有人赚钱，再好的时机，也有人破产；再坏的行业，也有人成功，再好的行业，也有人失败。

抱怨缺少条件，不如创造条件

成功是需要很多条件的。比如，健全的体魄、聪明的头脑、坚忍不拔的精神等，但这些条件并不是每个人都能具备的。一个成功者，首先就在于他从不苛求条件，而是竭力创造条件。

遗憾的是，在现实生活里我们经常会看到，很多二十几岁的年轻人在遭遇挫折、打击和失败之后，就逐渐失去了战斗力。他们开始感到无奈、无助、无力，并经常发牢骚，在消极等待中苦叹功成名就的终南捷径与自己无缘："这个社会太不公平！""我没有关系！""如果给我机遇，我也会成功。"

事实上，"没有机会"只是失败者的推托之辞，真正的成功者通常不是那些把机会奉为神明的人，他们从不把希望寄托在机遇上，更不会一味地怨天尤人。如果只就先天条件来说，没有人会比美国总统罗斯福更糟。

美国最受爱戴的总统罗斯福8岁时，他的身体虚弱到了极点，呆钝的目光，露着惊讶的神色，牙齿暴露唇外，不时地喘息着。学校里的老师，唤他起来读课文，他便颤巍巍地站起，嘴唇微张，吐音含糊而不连贯，然后颓然坐下，生气全无，真是低能儿童的典型。而世界上像他这样的儿童不在少数，大都是这样的神经过敏，如果稍受刺激，情绪便受影响，处处恐惧畏缩，不喜交际，顾影自怜，毫无生趣。在别人看来，他没有任何可以取得成功的条件。但罗斯福并不如此认为，他虽有天生的缺憾，但他也有奋斗的精神，他抱定必胜的信心，克服他天生的缺憾，去为成功创造条件。

他是怎样克服先天的缺憾并创造成功的条件的呢？他不是静等幸运的到来，而是努力追求幸运。他毫不气馁于先天的不足，反而利用它作为通往成功的基石。他绝不怨恨先天的缺憾，更不姑息他身体的虚弱，一味地疗养。他采取积极的锻炼，以达到他的目的，他要和其他健康的孩子一样，活泼地去骑马、划船和做剧烈的运动。他用坚毅的态度，对付他畏怯的天性。处处以快乐和蔼对待人们，除去怕羞、畏缩和不喜交际的个性。果然在他入大学之前，他已获得大大的成功，他已是人们乐于接近、精神饱满、体力充沛的青年了，他经常在假期中，到亚烈拉去追逐野牛，到落基山狩猎巨熊，以及到非洲大陆去袭击狮子……这些经历帮助他胜任军队的艰苦生活，带领马队，在与西班牙的战争中，功绩显赫。

罗斯福总统的成功，不但因为他有刚毅的精神，不为先天的缺憾所屈服，更因为他有自知之明，他深知自己的缺憾，自知虚弱、畏怯可以克服，而语言、态度必须因势利导，他学习假嗓音，在演讲时运用，虽然有齿露于外，还有身躯颤抖等缺憾，达不到演讲的技术要求，但仍是具有令人信服的力量的演说家之一。

自身的缺憾往往是难以更改的事实，任何企图掩盖或回避缺憾的做法都可能引来消极的结果。尝试着直视缺憾，并把它当作奋斗的动力，这样即使在看似没有成功的条件时，也可以创造条件获得成功。

连自己都可以战胜，外在的客观条件就更微不足道了。

马其顿国王亚历山大大帝在打了一次胜仗之后，有下属问他，是否等待机会来到，再去进攻另一个城市？

"什么？"亚历山大听了这话，大发雷霆，"你认为机会什么时候会来到？机会是我们自己创造的！"

如果一个想成功的人，只求别人用双手托着银盘子把机遇送到他面前，那他就只能失望了。成功的机会，是要靠我们的努力与实力结合，自己创造出来的。

1973年，后来成为美国最成功的广告人之一的肯尼迪高中毕业，他想找份工作，并打算从"专业销售"开始。他梦想拥有公司配的又新又好的汽车，一份薪水，外加佣金和奖金，每天西装革履地上班，还有出差机会。

肯尼迪偶然发现了一则招聘广告：一家出版公司的全国销售经理要在本城待两天，只为了招聘一位负责5个州内各书店、百货公司和零售商的业务代表。肯尼迪梦想在将来成为作家或出版家，所以"出版"二字对他来说是有吸引力的。广告又说，起初月薪1600～2000美元，外加佣金、奖金、公务费和公司配车。这正是他梦寐以求的工作。

不幸的是，肯尼迪不是他们的理想人选。他去面试时，那位全国业务经理很客气地向他解释，他不是他们要找的人。第一，肯尼迪太年轻；第二，他没有工作经验；第三，他没念大学。这份工作显然是为35～40岁、大学毕业，并具有相当丰富经验的人准备的，刚出校园的毛头小伙显然不合适。该公司已有几位应聘者待定。尽管肯尼迪竭力毛遂自荐，但招聘者态度坚决——他就是不够格。

这时，肯尼迪亮出了绝招。他说："瞧，你们这个地区缺商务代表已达6个月了，再缺3个月也不至于要命吧。听听我的主意：让我做3个月，公司只负担公务费，我不要工资，还开我自己的车。如果我向你证明我能胜任这份工作，你再以半薪雇用我3个月，不过我要全额佣金和奖金，还得给我配车。如果这3个月我仍胜任这份工作，你就用正常条件录用我。"

这样，肯尼迪被录用了。在很短的时间里，他重组了销售流程，创下3项记录：短期内在困难重重的地区扭转乾坤；3个月内，让更多新客户的产品摆满他们的整个摊位；争取到新的非书店连锁的大公司等。3个月以后，肯尼迪有了公司配车、全额工资、全额佣金和奖金。

金子不是在哪里都会发亮的，譬如，当它还埋在沙土中时；同样，也不是每一位有才华的人就一定会飞黄腾达，当机遇不来时，怨天尤人也无济于事。

这时，二十几岁的年轻人不妨学一学肯尼迪，动一动脑筋，想一个聪明的办法来创造自己的机遇。那么，成功可能就会不期而至了。

罗斯乔特说："那专想等待良机的人，无异在等待月光变为银子。"机遇确实很重要，因为它能改变人们一时的处境，甚至一生的命运，但机遇最终的主人不是信步其上的人，而是耕耘其下的人。当我们抱怨社会没有给自己一个展示的舞台时，要先想一想，你的开拓精神和创造力是否还在沉睡着。

别空等万事俱备的时候

如今二十几岁的年轻人，大都是在顺境中长大的，不仅物质丰富，而且从来不缺乏掌声和赞扬。进入社会工作以后，他们对自己的定位也比较高，有些完美主义者的倾向，一心要等待一个绝佳的机会，做出一件让人刮目相看的大事来。岂不知万事俱备，只欠你那一阵东风闪亮登场的机会，在现实中少而又少，于是当你满头白发时，那些具有实干精神的人已远远地跑在了前面。

一名记者在采访EDS公司总裁罗斯·佩洛时问："你们公司成功的秘诀是什么呢？"

罗斯·佩洛回答得很有意思："预备！发射！瞄准！"

人们对他说的话有些不解。因为按照常规，应该是预备、瞄准、发射才对。然而，他所说的话，的确是EDS公司的经营宗旨。也正是这一打破常规的理念，才使得EDS公司在极短的时间内，有了突飞猛进的发展。

对于这个疑问，他是如此解释的："我们从来不等有了方法再行动，而是在行动中寻求方法，在行动中瞄准。如果射偏了，没关系，纠正它，再发射，重要的是发射，是行动！"

我们在追求理想目标时，往往经过一番充分准备之后才行动，不是果断地发射而是顾虑自己的行动是否会成功、该如何面对失败等问题。但是，当我们真正下定决心开始发射时，成功的靶子早已偏离了我们的视线。

赵博所学的专业是信息技术，大学毕业之后，工作一时不好找，靠父辈的关系，在家乡小镇当了一个小科员。在单位不得志，他便愤愤地说："老子要到大城市发财去，不受你这窝囊气！"但第二天醒来，他又照常上班，觉得还是继续忍耐比较稳妥。3年过去了，职称没评上，他又火冒三丈，逢人便说还是大地方好，靠本事吃饭，但事后他又给自己打圆场，说是再看一看。结婚生子之后，年终人事任免还是与他无缘，这一次他好像彻底失望了，也与在外面打拼的同学像模像样地通了话，但终究没有成功，理由是家里儿子小要人照顾。几年后，当年的同学大都买了房，有的开了公司，也有的拥有了私家车，这下他更后悔了，说自己要是铁了心早走一步，现在一样风生水起、快乐逍遥。内心热血上涌了，但马上又照旧冷了下来。结果，"老子要出去！"成为别人嘲笑他的口头禅，而他自己也终究窝在人事纷争的机关环境中不愿挪开一步。

不同的态度产生不同的结果。有许多被动的人平庸一辈子，是因为他们一定要等到每一件事情都百分之百的有利、万无一失以后才去做。当然，我们必须追求完美，但是人间的事情没有一件绝对完美或接近完美。等到所有的条件都完美以后才去做，只能永远等下去了。

许多意气风发的年轻人总是在"假如……""如果……就"中耗掉了自己宝贵的青春，浪费了自己所有的激情和热情。他们年复一年地按照失败者的生活模式过日子，却不知自己的遭遇恰恰是他们自己不去行动造成的。而且还会责怪自己的配偶，责怪一起做生意的伙伴，责怪运气不好，责怪经济不景气……他们经常谈论所有的人如何"亏待了他们"。

他们也想创业，却总是怕失败，总想等到"条件成熟"。其实，条件并不是等成熟的，而是逐渐做成熟的，在做的过程中完善，在做的过程中逐渐成熟。再好的新构想也会有缺陷。即使是很普通的计划，如果确实执行并且继续发展，都胜于半途而废的好计划。因为前者会贯彻始终，后者却前功尽弃。

生活中这样的事随处可见：搬了新家窗帘还没有装，所以没请朋友来家里玩；这篇文章的构思还不是非常成熟，所以还没有写；这只现价30元的股票原想等降到5块再买，但它一直没有降到5块，所以就一直未买……归纳一下你就会发现，你一直在等待所谓的条件完全具备，你好将它做得尽善尽美。可是，你可能会发现同样的事情有些人的方案或者条件远不及你的成熟，但他们的成果已经问世，或者已经赚了一大笔钱。你又会因此而烦恼。造成这种状况的原因就是你也患上了"等待主义"的毛病。

这就可以解释，为什么会有那么多表面看起来相当精明能干的人，到头来却一事无成，在人生的道路上坎坷颇多，进退维谷。

你可以做这样的试验，把手头的某项工作交给两个人，一位是完美主义者，一位是现实主义者，可看到他们面对同一工作会有哪些不同。等他们的方案提交上来，你会发现，完美主义者可以给你提供十多种可能的方案，分别说明了其可行性与利弊得失。但是他无法确定哪种方案最好，他会采用哪种方案。而现实主义者则不然，他可能只有一种方案，也就是他要实施的那套方案。在聪明才智方面，他比不上前者，但他能够给出一套很切合实际、马上就可实施的方案。

二十几岁的年轻人不要等到所有情况都完美以后，才动手去做。如果坚持要等到万事俱备，就只能永远等待了。同时，对待自己也要宽大些，不必追求自己永远绝对完美。这样，你不但少了许多烦恼，同时，你会发现，你的工作、事业在一个较短时间内就会有很大发展。

机遇之门只为有准备的人敞开

有的人总是抱怨，自己空怀凌云之志和过人才气，却总是没有机遇，难以成功。其实，机遇对每一个人来说都是公平的，机遇只青睐有准备的人。只有努力提高自身素质，苦练"内功"，充分积累和准备，才能在机遇到来时"发现"机遇，抓住机遇。

古往今来，人们都很看重机遇。但是，机遇只是一种可能，一个必要条件，也就是说，有了机遇并不一定就会成功。面对同样的机遇，不同的人有不同的表现和结局，区别在于能否抓住机遇。法国科学家巴斯德有句名言："机遇只偏爱那些有准备的头脑。"我们只有平时刻苦勤奋，积累丰富的知识和经验，才能抓住它并能充分利用它。有些人空叹机遇难求，可见他们平时脑子里空空如洗，再好的机遇也只能让它悄悄溜走。

二十几岁，人生的大好年华，正处于人生的起步阶段，也是能力和才干快速增长的时期。你要明白，能力与才干的获得，无不是来自艰苦不懈的努力。二十几岁的阶段，犹如垒土，只有打下夯实的根基，才能借助机遇来实现人生的腾飞。

李斯·布朗和他的双胞胎兄弟，出生在迈阿密附近的一个穷苦之家。因为李斯好动，说话口齿不清但又说个不停，因此从小学到中学，李斯都被编到专为有学习障碍学生所设的特教班，毕业后，他就在迈阿密海滩担任清洁工，但他梦想成为播音员。

晚上，李斯会把晶体管收音机抱上床，收听当地播音员的演播。他的房间很小，塑胶地板也残破不堪，但他在里面创造了一个想象的电台，他练习播音把唱片介绍给假想的听众，梳子就被用来当作麦克风。

李斯长大后，终于争取到进电台工作的机会，当然，他只是做一个打杂的小工。

在电台里，李斯任劳任怨，甚至做得更多。和播音员在一起时，李斯就学习他们在控制板上的手势，李斯待在控制室里尽可能地学习他所能看到的，直到播音员要他离开。然后晚上在他自己的卧室里，他就反复练习，为他深信会出现的机会做万全的准备。

一个周末的下午，一个叫洛可的播音员喝多了酒，无法完成他的播音节目了。一时之间，经理找不到其他人选，只好问李斯："小伙子，你知道如何操作录音室的控制装置吗？"

李斯飞进录音室，轻轻地把洛可移到旁边，然后就坐在播音台前，他已经准备好了，而且跃跃欲试，打开麦克风的开关，开始了他的第一次广播。

这次的表现展示了李斯的播音水平已经到了炉火纯青的境界，他让听众和他的经理刮目相看，于是从这次命中注定的好运开始，李斯相继在广播、政治、公共演说及电视方面缔造了成功的职业生涯。

　　我们每个人的一生中，都会有很多机会。在机会没有来临时，要耐心等待。屠格涅夫说："等待的方法有两种，一种是什么事也不坐地空等，另一种是一边等，一边把事情向前推动。"也就是说，在机遇还没有来临时，就应事事用心，事事尽力，要准备得更加充分，要准备得有能力抓住和运用机会。

　　例如，某个学英语的人，他只能勉强读懂简单的文章，既不会说，也不会写。这时，他想找一份工作，一定会发现几乎没有什么适合自己的机会。假如他痛下决心，将英语学得炉火纯青，听说读写译样样精通，他就会发现有很多机遇。由此可见，机遇常常就在某个地方等着我们，当我们准备好时，就能够发现机遇。

　　那些一夜成名的人，在功成名就之前，其实早已默默无闻地努力了很久。成功是一种努力的累积，不论何种行业，要想攀上顶峰，通常都需要漫长时间的努力和精心的规划。许多伟人的成功历程，也印证了这一点。

　　清代书画家郑板桥说他是"四十年来画竹枝，日间挥写夜间思。冗繁削尽留清瘦，画到生时是熟时。"正是因为有了几十年的生活积累和艺术积累，他才能在商业和艺术都相当繁荣的扬州声名鹊起，成为"诗书画三绝"的一代大师。

　　我们正处于一个充满机遇的时代，机遇经常出现在我们身边。智者能发现它、利用它走向成功，愚者却往往错过它且抱怨命运不公，其原因就在于机遇之门只为有准备的人敞开，有准备的人才能辨识和把握机遇。

如果你是一粒沙子，有谁能在沙堆中发现你？如果你是一个金色的珠子，就很容易在沙堆中找到你。当自己还没有成为一个金色的珠子时，一切的抱怨都是不实际的。

或许二十几岁的我们肩膀还太稚嫩，某些方面的条件我们还不具备，但只要不断地学习，不断地提高素质，相信一定会适应社会的要求，把握一定的机遇，"大鹏一日同风起，扶摇直上九万里"，做出一番引人注目的辉煌成绩。

"秀"出自己，赢得机遇的倾心

"酒香也怕巷子深"，在现今的社会里，没有毛遂自荐的精神，恐怕很难会找到施展才华的机会。如果你有自己的优势或者特长，就必须不断而又醒目地"秀"出你自己，只有先让别人"认识"你，才会有人"接纳"你。

古语说："美玉藏于深山，人不知其美，黄金埋于地下，人不知其贵。"一个优秀的人，如果只是深藏不露，而不能表现自己，人们就不能看到他存在的价值。这样下去，即使他有绝世的才华，也会渐渐被埋没。

机会不会自动找到你，你必须不断、醒目地亮出你自己的优势，让别人发现你，进而才能赏识和信任你。

作为一个二十几岁的年轻人，不要奢望上司或老板会主动关注你，而是要积极主动地把自己的才干展示给他们。如果你是一匹"千里马"，但不亮出你的真本领，不抓住机会勇于尝试，又怎么能被"伯乐"发掘呢？

对于机遇，对于成功，人们总有各种各样的说法。然而，不能否认的是，机遇在一些人面前确实是平等的。只是当机遇突然出现在面前时，有人迟疑了，犹豫了，结果与之擦肩而过；而有的人却能主动上前，把自己的才华展示给别人，从而赢得机遇的青睐。

"把希望寄托在自己身上，把主动权掌握在自己手中。"这不是一句简单的话，它意味着如果别人还没有注意到你的才华，那你就要把它充分地展现出来。

"秀"出自己，有时候不必按常理出牌，如果能带进一些时尚、炫目的做法，更容易吸引眼球。让我们看看写下"前不见古人，后不见来者，念天地之悠悠，独怆然而涕下"这一千古名句的唐朝诗人陈子昂，是如何表现自己的。

陈子昂少时聪颖，自知所学足可以应世，于是进京求取功名。但到了长安以后，由于人地生疏，又没有权贵人士为之吹嘘，其诗文自然不受人注意，遂落落寡合，郁郁不得志。

一天，陈子昂在街上闲逛，看见一位卖胡琴的人索价百万，很多豪门子弟、文人学生都在议论古琴价值，却谁也不买。陈子昂突然跑过去，叫手下人把琴买下了，照价付钱。众人见了大吃一惊，争问这把琴的底细。陈子昂高声说："此琴名贵，我又善操此琴，故不惜高价把它买下了。"有人问："你可以弹弹给大家欣赏一下吗？"子昂说："当然可以啦，各位若有兴趣，明天中午请到宜阳里来，我会献丑为诸君试奏一曲。"

次日正午，很多豪门子弟和文人学士都齐聚宜阳里，只见欢宴嘉宾的酒席已经摆好。陈子昂与这些豪门子弟、文人学士应酬过后，捧着古琴，当众宣布："在下陈子昂，乃蜀中文士，写了不少诗文，自信皆为呕心沥血之作，只因初到贵境，不为人知。现于操琴之前，特为各位朋友朗诵拙作一篇。"

因文采好，陈子昂的朗诵使听众大为敬服。忽然，陈子昂的声音戛然而止，感叹地说："唉，弹琴只不过是一种娱乐消遣，并非我们文士心之所系。这琴虽名贵，于我又有何用呢？"说完当场将琴摔碎，随后将自己的诗文遍赠宾客。一时间，陈子昂的豪举和他的文名传遍京城长安，他的诗文亦为世所重。

"人以文传，文以人传。"人与文都需有名才能传世，所以必须让人知晓。要想见用于世，则先要为世所知。古代社会闭塞，人际交流困难，信息流通频率低。而陈子昂来到人才荟萃的长安，又选定公众聚会集中的场所来表现自己的才能，这就相对扩大了传播的范围。另外，他还选取了与众不同的传播手段。首先是所售古琴贵得令人咋舌，但陈子昂一锤定音，显得鹤立鸡群，身手不凡；接着是设宴迎宾，显得豪爽好客，当众吟诗，又使别人得知他出众的文才；最后，摔琴一举，更是出奇，显示出陈子昂志存高远，并非平庸之辈。再以诗文谢宾客，就很自然地为自己赢得了一批朋友和宣传者。

没有人天生就拥有比周围的人更耀眼的光芒，你必须善于表现最优秀的一面，从而让别人了解你、信任你、赏识你。

成功地表现自己是二十几岁的年轻人迈向成功的第一步。在表现自己的过程中多动些脑筋，设计一些"小花样"，就容易获得别人的兴趣和关注。

面对同样的机会，那些积极主动的人往往会赢得更多。如果你认为自己有能力，就应该适时地表现自己的能力，从而取得最后的胜利。

参考文献

[1]苏芩. 20岁定好位, 30岁有地位[M]. 长沙: 湖南文艺出版社, 2010.

[2]熊谷正寿. 你的时间有限, 不要为别人而活[M]. 北京: 同心出版社, 2014.

[3]奥里森·斯威特·马登. 白手起家: 从一无所有到富足人生[M]. 北京: 现代出版社, 2015.

[4]筱漾, 白山. 女人30到40, 你拿什么过10年[M]. 广州: 广东旅游出版社, 2014.